AF356402

LE CALENDRIER DES JARDINIERS,

QVI ENSEIGNE CE QV'IL FAVT FAIRE

Dans le Potager, dans les Pépinieres, dans les Serres, & dans les Jardins de Fleurs tous les Mois de l'année.

Traduit de l'Anglois de M. Bradley, de la Société Royale de Londres, & Profeſſeur de Botanique dans l'Univerſité de Cambridge.

Plus une Deſcription des Serres, & la maniere de cultiver les Ananas en Hollande & en Allemagne.

Avec des Planches & une Inſtruction pour conſtruire & gouverner leſdites Serres.

Ouvrage utile aux Jardiniers, & à tous ceux qui ont des Jardins Potagers, des Pépinieres, des Parterres & des Fleurs.

A PARIS,

Chez { La Veuve Piget, Quay des Auguſtins,
S. Jacques,
Durand, rue S. Jacques, à S. Landry.

M. DCC. L.

AVEC APPROBATION ET PRIVILEGE DV ROI.

AVIS.

LE Calendrier des Jardiniers peut être utile à tous ceux qui ont des Jardins. M. Bradley, de la Société Royale de Londres, & Professeur de Botanique dans l'Université de Cambridge, ayant toute sa vie aimé avec passion le Jardinage & l'Agriculture, a pratiqué avec succès presque tous les conseils qu'il donne; il a fait quantité de Livres sur l'Agriculture & le Jardinage : si celui ci réussit & plaît, on pourra donner quelques autres Traités du même Auteur.

Toute l'attention qu'on doit avoir, est que ce Livre ayant été écrit pour l'Angleterre, il faudra semer une quinzaine de jours plutôt à Paris qu'on ne le marque dans le Livre; & si c'est dans les Provinces Méridionales, comme le Languedoc & la Provence , il faudra encore avancer les femences & les plantations qu'on doit faire.

Avec ce petit Ouvrage, un particulier un peu attentif pourra réuffir à avoir un Jardin Potager bien cultivé , & un Jardin à Fleurs bien en ordre.

Ce qui eft dit pour les Couches de Tan , eft pratiqué avec fuccès en Angleterre , & par le fecours de ces Couches, on eft parvenu à y avoir abondamment & facilement des Ananas d'une maniere très-agréable aux Particuliers qui cultivent ce fruit , & très-utile aux Jardiniers qui en font commerce.

Comme l'on cite dans deux ou trois endroits du Calendrier *le New. Impr.* l'on a penfé qu'il feroit difficile à plufieurs perfonnes de le trouver, & l'on donne à la fin de l'Ouvrage l'extrait des endroits cités, afin que rien ne manque pour satisfaire les Amateurs.

On y trouvera aussi les Descriptions des Serres telles qu'elles sont en usage en Angleterre.

APPROBATION
du Censeur Royal.

J'Ay lû par ordre de Monseigneur le Chancelier, un Manuscrit, qui a pour titre : *Calendrier des Jardiniers*, &c. par *M. Bradley*, &c. *traduit de l'Anglois* ; & j'ai cru que l'Impression en seroit très-utile au Public. Fait à Paris ce 5 Juillet 1737. BURETTE.

PRIVILEGE DU ROY.

LOUIS PAR LA GRACE DE DIEU, Roi de France & de Navarre : A nos amés & féaux Conseillers, les Gens tenans nos Cours de Parlement, Maître des Requêtes Ordinaires de notre Hôtel, Grand Conseil, Prevôt de Paris, Baillifs, Sénéchaux, leurs Lieutenans Civils, & autres nos Justiciers qu'il appartiendra, SALUT. Notre bien amé PIERRE PIGET, Libraire à Paris, nous ayant fait remontrer qu'il souhaiteroit faire imprimer & donner au Public *les Transactions Philosophiques de la Société Royale de Londres , avec les Tables de tout l'Ouvrage, & l'Histoire de la dite Société Royale; le Calendrier des Jardiniers du Sieur Bradley, & les autres Ouvrages de Jardinage , d'Agriculture & de Botanique du même Auteur ; les Expériences Physiques & Méchaniques du Sieur Hauskbée, de la Société Royale de Londres,* s'il nous plaisoit lui accorder nos Lettres de Privileges sur ce nécessaires, offrant pour cet effet de les faire imprimer en bon papier & beaux caracteres, suivant la feuille imprimée & attachée pour modéle sous le contre-Scel des Présentes. A CES CAUSES, Nous lui avons permis & permettons par ces présentes de faire imprimer lesdits Ouvrages ci-dessus spécifiés en un ou plusieurs volumes, conjointement ou séparement, & autant de fois que bon lui semblera , & de les vendre, faire vendre & débiter par tout notre Royaume pendant le temps de vingt années consécutives , à compter du jour de la date desdites Présentes ; Faisons défenses à toutes sortes de personnes de quelque qualité & condition qu'elles soient, d'en introduire d'impression étrangere dans aucun lieu de notre obéissance ; comme aussi à tous Libraires-Imprimeurs & autres d'imprimer, faire imprimer, vendre, faire vendre, débiter ni contrefaire lesdits Ouvrages ci-dessus spécifiés en tout ni en partie, ni d'en faire aucuns Extraits, sous quelque prétexte que ce soit d'augmentation ou correction, changement de titre ou autrement, sans la permission expresse & par écrit dudit Sieur Exposant, ou de ceux qui auront droit de lui,

à peine de confiscation des Exemplaires con-
trefaits, de 6000 l. d'amende contre chacun des
Contrevenans, dont un tiers à nous, un tiers
à l'Hôtel-Dieu de Paris, & l'autre tiers au dit
Expofant, & de tous dépens, dommages &
intérêts ; à la charge que ces Préfentes feront
enregiftrées tout au long fur le Regiftre de la
Communauté des Libraires & Imprimeurs de
Paris dans trois mois de la date d'icelles ; que
l'Impreffion defdits Ouvrages fera faite dans
notre Royaume & non ailleurs, & que l'Im-
pétrant fe conformera en tout aux Reglemens
de la Librairie, & notamment à celui du 10
Avril 1725. & qu'avant de les expofer en vente
les Manufcrits ou Imprimés qui auront fervi
de Copie à l'Impreffion defdits Ouvrages, feront remis dans le même état, où les Appro-
bations y auront été données, ès mains de
notre très-cher & féal Chevalier le Sieur
Dagueffeau, Chancelier de France, Commandeur de nos Ordres, & qu'il en fera enfuite
remis deux Exemplaires de chacun dans notre
Bibliotéque publique, un dans celle de notre
Château du Louvre, & un dans celle de notre
dit très-cher & féal Chevalier le Sieur Dague-
feau, Chancelier de France, Commandeur de
nos Ordres ; le tout à peine de nullité des préfentes. Du contenu defquelles vous mandons
& enjoignons de faire jouir ledit Sieur Expofant, ou fes ayans caufes, pleinement & pai-
fiblement, fans fouffrir qu'il leur foit fait aucun
trouble ou empêchement. Voulons que la Copie defdites Préfentes, qui fera imprimée tout
au long au commencement ou a la fin defdits
Ouvrages, foit tenue pour dûement fignifiée,

& qu'aux Copies collationnées par l'un de nos
amés & féaux Conseillers & Secretaires, foi soit
ajoutée comme à l'original Commandons au
premier notre Huissier ou Sergent de faire pour
l'exécution d'icelles tous Actes requis & néceffaires, fans demander autre permillion, & non-
obftant clameur de Haro, Charte Normande &
Lettres à ce contraires. CAR tel eft notre plaifir.
DONNE' a Verfailles le dix-neuviéme jour de
de Décembre, l'an de grace mil fept cent trente
huit, & de notre Regne le vingt-quatriéme.
Par le Roi en fon Confeil. SAINSON.

CALENDRIER

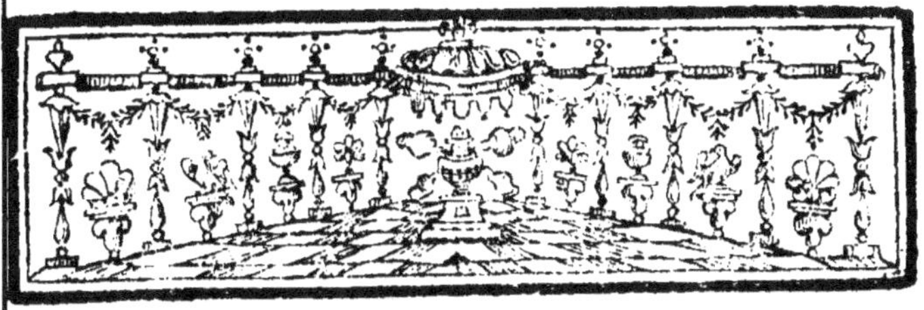

CALENDRIER

DES

JARDINIERS.

PREMIERE PARTIE.

Conseils de M. BRADLEY, sur les Ouvrages à faire dans le Potager & dans les Pépinieres au mois de Janvier.

JANVIER.

'EST ordinairement dans ce mois que la neige tombe, & que les froids les plus violens se font sentir. On a vû à Londres dans le mois de Janvier, la Tamise trois fois gelée dans l'espace

A

de quarante années, de maniere à pouvoir porter les plus pesans fardeaux, & à demeurer glacée pendant plusieurs semaines ; ainsi tout ce qui est curieux & qui demande un soin particulier dans le Jardin, doit être garanti soigneusement du froid, surtout les Plantes qui sont sur les Couches chaudes, il faut prendre tous les moyens propres pour les défendre de l'air froid, en couvrant les cloches un peu avant le coucher du Soleil, avec de la litiere séche & des paillassons. (1)

Si un Jardinier a quelques Plantes de *Concombre* ou de *Melon* sur ses Couches, il doit avoir soin de leur faire sentir le Soleil au travers du verre en toutes les occasions, pour empêcher les injures qu'elles recevroient de la vapeur de la Couche ; car la vapeur du fumier s'élevant en grande quantité dans cette saison, se condense sur la cloche, ensuite retombe sur la

____

(1) A Paris on appelle cette paille, de la *paille brûlée* ; c'est de la litiere dont on a ôté grossierement le Crotin, & que l'on a mise en monceaux dès le mois d'Août. Un Jardin curieux en Fleurs, & un Jardin Potager, ne doivent jamais être sans une bonne provision de cette paille qui dure plusieurs années.

jeune Plante , & souvent la fait périr.

L'incommodité de la vapeur peut être corrigée de deux manieres ; premierement, en couvrant le fumier de l'épaisseur de six pouces de terre ; secondement, en mettant dans le haut des Verrieres, (1) des couvertures de laine qui retiendroient toute la vapeur humide qui s'éleve la nuit, & en les ôtant tous les matins sans faire aucun tort aux Plantes.

On conserve & on rétablit la chaleur des Couches en mettant du fumier chaud aux côtés des Couches tous les quinze jours ou trois semaines.

Semez des graines de *Concombres* & de *Melons* tous les dix jours sur les Couches , pour prévenir la perte des premieres Plantes.

Semez sur les Couches dont la chaleur est un peu passée, des petites Salades, comme de la *Moutarde* , des

___

(1) Les Anglois se servent beaucoup de petites Serres de planches couvertes de chassis de verre, appellées *Verrieres* , comme il y en a quelques-unes au Jardin du Roi ; ce sont les plus plates qui servent pour les *Melons* & les *Concombres* , dont ils sont fort curieux : & c'est à celles-là que l'on peut appliquer ce second moyen.

Raves, du *Creſſon-Alenois*, & de la *Laituë*, donnez-leur tout l'air que la Saiſon peut permettre dès qu'elles feront ſorties, parce que cet air leur donne bon goût.

Plantez des *Fraiſes* ſur une Couche modérement chaude pour en avoir dans la primeur ; mais ne les tenez pas trop couvertes, afin de ne les pas rendre trop tendres.

Si vous n'avez pas planté du *Baume* ſur les Couches, c'eſt à préſent le tems, afin qu'il ne manque pas dans vos Salades.

Faites une Couche pour les *Aſperges*, pour qu'elle ſuccéde à celle qui a été faite en Décembre, *Voyez les New. Imp. Partie 3.* ſur cet article.

Si le tems eſt froid, portez au Jardin les Engrais néceſſaires pour ameliorer la terre (& quand le froid ſera paſſé, vous les enterrerez.)

Continuez de tailler les grands Arbres des Vergers, coupez les branches gourmandes préciſément au corps de l'Arbre ; coupez auſſi les branches qui ne font point un bon effet.

A la fin de ce mois ramaſſez des

branches pour greffer, ne prenez des greffes que fur des Arbres qui fe portent bien & qui font en plein rapport, & mettez à moitié en terre jufqu'au tems de greffer les branches coupées; fi c'eft pour envoyer au loin, mettez le bout des branches dans de (1) la terre graffe, & liez-les avec de la paille féche.

C'eft à préfent un bon tems pour changer les grands Arbres s'il fait froid, parce que la gelée fait tenir la motte aux racines ; & quand la motte eft tirée, enveloppez-là de paille pour porter vos Arbres aux trous qui leur font deftinés.

Si le tems eft doux, continuez de bêcher & de préparer vos Plates-bandes jufqu'à ce que vous vous en ferviez.

C'eft à préfent un tems convenable pour compofer la terre en mêlant des terres de différentes qualités, comme du fable & de la terre graffe, &c. parce que ces mêlanges font préférables au fumier pour les gros Arbres & les autres Plantes qui durent long-tems.

(1) Les Anglois recommandent fouvent cette efpece de terre qu'ils nomment *Clay*.

Donnez de nouvelle terre à votre *Sauge*, au *Thim*, & aux autres Herbes odoriférantes, mais prenez garde de ne pas déranger leurs Racines.

Découvrez la Racine de vos Arbres qui font trop vigoureux, & coupez-en quelques groffes Racines pour les forcer à porter Fruit, en diminuant leur trop grande vigueur.

Si dans le mois précédent vous n'avez pas renouvellé la terre de vos *Fraifiers*, vous ne devez pas plus long-tems différer de le faire.

Si le tems eft fort doux à la fin du mois, tranfplantez toutes fortes d'Arbres de Forêt ; mais auparavant il faut avoir préparé les trous & la terre, & s'il a été néceffaire, avoir fait des mélanges de terre.

Si votre terrain eft dur & humide faites des élévations de terre, pour y planter vos Arbres, fi le terrain eft fabloneux & fec, ce travail n'eft pas néceffaire, & feroit même dangereux.

Quand vous plantez des Arbres, ayez attention à la nature de l'Arbre que vous plantez & à la maniere dont fes Racines viennent, que celui dont la Racine coure fur terre, ne foit pas planté trop profondément; s'il fe peut, imitez la nature en cela & dans tous les autres ouvrages du Jardinage.

En plantant des Arbres de Forêt, refervez les groffes Racines & le Pivot, & coupez les branches collaterales (1).

Plantez plûtôt de petits Arbres que des Arbres très-gros, parce que des Arbres qui ont été longtems dans un terrain, & qui font venus à une certaine groffeur, ont bien de la peine à s'accoutumer dans un autre terrain, quoiqu'on puiffe les tranfplanter fans faire tort à leurs Racines.

Confidérez bien le climat & l'expofition propre pour chaque Arbre que vous avez intention de planter; fi vous aimez un Arbre en particulier, examinez bien fi la place convient à fa nature, faute de cette at-

(1) Je crois que cette Article fouffrira de grandes difficultés, & qu'il méritera d'être examiné par des perfonnes attentives & fûres, car plufieurs veulent que l'on coupe le Pivot & que l'on conferve les Branches collaterales.

tention on a vû manquer ou périr de très-grandes Plantations.

Semez des *Pois hatifs d'Angleterre,* (1) pour fuccéder à ceux qui ont été femés en Novembre : femez auffi des *Feves d'Efpagne* en pleine terre.

Mettez des Trapes pour prendre les Mulots & autres Vermines qui tourmentent beaucoup à préfent vos jeunes Poids, ceux qui font nouvellement femés.

Plantez des *Choux,* des *Raves,* des *Panais* & des *Carotes* pour en avoir de la Graine.

(1) *Pifum pracox Anglicum* Boërha. *Ind.* *168. Hort par Fer.* En François: *le Pois Michault.*

Produit du Potager dans le mois de Janvier.

LES *Cardons d'Efpagne* font à préfent dans leur grande perfection, les Racines confervées dans le fable que l'on mange, font les *Carotes,* les *Panais,* les *Betes-Raves* rouges & blanches, & les *Truffes blanches* (2) avec quelques efpeces de *Cheruis.*

(2) *Solanum tuberofum efculentum* C. B. p. 167 *prod.* 89. *the Virginian potatoes.*

Les Racines qui restent en la terre, sont les *Scorsonaires*, les *Raves*, le *Cran* & quelques jeunes *Carotes* de celles qu'on seme en Juillet.

Vous avez aussi de l'*Ail*, des *Oignons*, des *Echalottes* & des *Rocamboles* que vous avez conservées dans la maison.

Vous avez encore quelques *Artichaux* que l'on a conservés dans la Serre, en mettant leurs bâtons ou tige dans le sable.

Les Herbes pour la soupe sont les *Choux frisés*, les *Choux de Savoye*, les *montans des Choux rouges*, *de Battersea*, & *de Hollande* & les *Epinars*.

Les Herbes pour la soupe & autres usages de la Cuisine sont le *Persil*, l'*Oseille*, le *Cerfeüil*, les feuilles de *Bettes*, les *Poireaux*, le *Thin*, la *Sauge*, la *Marjolaine d'Hyver*, le *Celeri*, la *toute bonne* : quelques-uns se servent aussi des montans de *Pois* & d'*Asperges*.

Les Herbes sechées pour la maison, sont les fleurs de *Souci*, les feuilles de la *Marjolaine* & *du Baume*.

Les Salades pour ce mois sont composées de pointes de *Beaume*, de *Cres-*

son , de *Moutarde* , de *Raves* , de *jeunes Laitues* , de *jeunes Oignons* , de *Celeri* , de *Chicorée* , de pointes de *Pimprenelle*. On y peut auſſi ajouter des *Laitues pommées* , conſervées ſous des Cloches , ou quelques *Laitues brunes de Hollande* , qui ont été ſemées à la fin d'Août , ces dernieres ſont tant ſoit peu pommées , & ſont très-agréables parmi les autres Salades.

Vous aurez abondance d'*Aſperges* , élevées ſur les Couches faites exprès dans le mois de Décembre.

OUVRAGE

A faire dans le Potager au mois de Février.

FÉVRIER.

CE mois eſt ordinairement regardé comme le plus humide de toute l'année , & j'ai remarqué que dans ce mois nous avons peu de froid qui ſoit de durée , & que quand il y a eu en Janvier beaucoup de froid & de neige , Février eſt ordinairement beau & chaud ; & c'eſt pour lors un tems admirable pour planter les Arbres Fruitiers, les Arbres des Forêts, ou les Arbres d'Ornemens, lorsque cet ouvrage n'a pas été fini en Septembre ou Octobre.

Vous séparerez les rejettons d'*Orme* des vieux pieds pour les planter en Pepiniere ; vous planterez aussi tous les Arbres de Forêts & les Arbuites qui se multiplient par bouture ou rejettons.

Semez des Glands de *Chéne verd*, de *Liege* & de *Chéne Anglois* & des *Chataignes*, semez de la Graine d'*Orme*, des Bayes de *Laurier*, toutes ces Graines levent la premiere année.

Semez aussi les Graines de *Fresne* & des autres Arbres de Forêt, qui ont été préparées une année dans le sable ; car autrement elles resteroient deux années sans lever ; il y a encore d'autres Graines, comme les Fruits de l'*Epine*, les bayes de *Houx*, d'*Ifs*, &c. qui veulent être préparées de la même maniere dans le sable.

C'est la pratique ordinaire des Jardiniers de mettre les Graines de certains Arbres dans le sable ; mais j'ai

appris de M. *Furber*, qui cultive des
Pepinieres à *Kenfington*, qu'il y avoit
des *Houx* & des *Ifs* de deux ans, dont
la Graine n'avoit point été mife dans
le fable, & avoit levé fans peine la
premiere année.

M. *Furber* a auffi ramaffé dans le
Printems de la Graine de *Frefne* qu'il
a femée, tout auffitôt les *Frefnes* font
très-bien fortis de terre : j'ai fait cette
expérience avec le même fuccès ; mais
elle n'a rien d'extraordinaire, parce
que le *Frefne* garde quelquefois fa Graine deux ans, fans la laiffer tomber,
& la Graine eft pour lors préparée
d'elle-même à lever.

Il y a une autre pratique en ufage,
c'eft de remaffer & de conferver dans
un panier à la maifon, les Graines de
Houx & d'*If*, fans les remuer jufqu'au
Printems, celles qui font au milieu
quittent leur pulpe ou enveloppe char-
nue & au bout d'un mois qu'elles ont
été plantées, elles levent ; cela peut
arriver par la fermentation qui arrive
à la Graine, quand elle commence à
fuer, & c'eft pour la même raifon que
j'ai recommandé de les tremper dans
de l'eau. *New. Imp. Partie II.*

Taillez & liez vos *Abricotiers* & vos autres Arbres à noyaux au commencement de ce mois, & à la fin taillez vos *Pavies.*

Au milieu de ce mois semez des *Féves*, des *Pois*, du *Persil*, des *Epinars*, des *Carotes*, des *Panais*, des *Raves*, des *Scorsonaires*, des *Oignons*, des *Porreaux*, de la *Laitue brune* de *Hollande* & des *Radis.*

Semez des *Chervis* dans un excellent terrain, où ils puissent être arrosés ; il y a des Jardiniers qui les transplantent, quand ils ont deux pouces de long, pour en avoir de plus grosses Racines.

Plantez de l'*Ail*, de l'*Echalote*, de la *Rocambole* dans un terrain leger en pleine terre.

Plantez des *Truffes* blanches & des *Taupinambours* (1).

Transplantez les jeunes *Choux* en pleine terre, si cet ouvrage n'a pas été fait dans le mois précédent.

Semez des *Asperges* en pleine terre.

A la fin du mois commencez à gref-

____

(1) *Corona Solis parvo flore tuberosâ radice.* **Inst.** 489.

fer en fente les *Pommiers*, *Poiriers* &
Cerifiers.

Renouvellez la chaleur de vos Couches avec du fumier neuf, & continuez à femer des *Melons* & des *Concombres* tous les dix jours, afin que fi
les unes ne réuffiffent pas, les autres
y fuppléent.

A préfent faites une Couche pour
toutes fortes de Plantes annuelles qui
levent de graine, excepté les *Soucis
François* & d'*Afrique* qu'il ne faudra femer que le mois prochain, parce qu'ils
deviendroient trop grands pour les
Verrieres, avant que le tems pût permettre de les expofer à l'air.

Semez quelques *Haricots* de *Batter-
fea* fur une Couche chaude, pour
avoir des *Haricots* dans les mois d'A-
vril, mettez fur ladite Couche du
Pourpier doré.

C'eft à préfent le tems de faire une
Couche pour les *Champignons*, il faut
couvrir le fumier de 8. ou 10. pouces
de littiere : les *Champignons* paroîtront
un mois après que la Couche aura
été faite, fi le fumier n'eft pas couvert de terre.

Plantez les *Houblons*, mettez fept.

pieds fur chaque butte , obfervant que chaque Plante n'ait pas plus de deux montans , parce que fi elles en avoient davantage les pouffes feroient trop foibles.

A préfent faites une grande Couche pour avoir de bonne heure les *Raves* & les *Carotes* du Printems , femez-les enfemble , parce que les *Raves* font prêtes à être tirées en Mars , & qu'elles font paffées quand les *Carotes* commenceront à venir : que cette Couche foit couverte de 8. pouces de terre fine , & défendue du froid avec des paillaffons foutenus par des perches , parce que les Verrieres & les Cloches feroient venir trop d'herbes aux *Carotes*.

Semez un peu de Graine de *Choux-Fleur* au milieu de ce mois fur des Couches , qui foient dans le déclin de leur chaleur : les *Afperges* font ce mois-ci meilleures , & ont un meilleur goût.

A la fin du mois femez du *Perfil* en pleine terre.

Plantez des *Grofeillers* , des *Framboifiers* , & des *Rofiers*.

Plantez encore des *Vignes* , des *Figuiers* , des *Chevrefeuilles* , des *Jafmins* , &c.

Produit du Potager pendant le mois de Février.

Nous avons encore quelques *Cardons*.

Nous avons quelques *Raves*, des *Panais*, des *Bettes-raves*, des *Cerfifis*, des *Scorfonaires* & des *Carotes* femées en Juillet.

Les herbes pour la cuifine font les mêmes que celles de Janvier.

Les herbes pour mettre dans le pot font le *Choux rouge*, les montans de *Choux*, & quelque peu de *Choux de Savoye*, des *Epinars* & des *Bettes blanches*.

Les Salades de ce mois confiftent dans les mêmes petites herbes que dans le mois précédent; on y peut ajoûter le *Creffon d'eau*, & la *dent de Lion* ou *Piffenlit*.

Les *Concombres* femées en Octobre, fi elles ont refifté à la rigueur des froids de Janvier, donneront à la fin du mois quelques fruits, & les *Haricots* femés dans le même tems porteront à préfent abondamment.

Il y a ordinairement quelques *Cerifes*

ſes mûres chez M. Jean *Millet* , curieux Pepinieriſte auprès de *Fulham* ;
on trouve dans le même endroit des
Abricots verts..

OUVRAGE.

Qu'il faut faire au potager en Mars.

MARS.

DANS ce mois il y a très - communément des gelées blanches
pendant la nuit , des orages , de la
grêle & des pluyes, & les vents d'Eſt &
de Nord-Oueſt regnent tres-ſouvent ,
& font tres-dangereux pour les Fleurs
des Arbres ; les grêles qui tombent
dans cette Saiſon gâtent les Fleurs des
Arbres & les jeunes Plantes qui ſont
dehors, & rompent les jeunes branches
des Arbres ; ainſi un Jardinier doit
couvrir avec ſoin ſes Arbres & ſes
Plantes pour les défendre des injures
de la Saiſon. Le Soleil commence à
avoir beaucoup d'action ſur les Plantes ; mais quand il eſt interrompu par
les nuages , & les vents frais qui ſont

B

à présent très-fréquens, il arrive des coups de Soleil qui étouffent & détruisent les jeunes pousses des Plantes qui commencent à présent à sortir, à moins qu'elles ne soient préservées.

Tous les Arbres & les Plantes nouvellement plantées doivent être soigneusement arrosées ; il ne faut pas appréhender les froids & les petites gelées de cette Saison, parce qu'elles ne pénétrent pas la terre ; vous aurez cependant attention que tout ce que vous arroserez, soit arrosé le matin ; car sans cela le froid venant soudainement sur les Plantes nouvellement arrosées, feroit périr leur racine.

Si vous avez obmis quelques-uns des ouvrages que vous deviez faire dans les mois passés, vous ne pouvez plus les différer, parce qu'à la fin de ce mois votre Jardin doit être plein.

Continuez de semer des *Raves*, des *Laitues* de *Silesie* & des *Laitues Impériales* parmi les autres Plantes Potageres, parce qu'elles commenceront à peine à pousser lorsque les autres seront dans leur plus grande perfection.

Semez des *Scorsonaires* & des *Cercifis*

nétoyez les *Chéruis* de l'année paſſée,
ne laiſſez que les jeunes racines & ôtez
toutes les groſſes.

Faites des plantations de *Beaume*,
de *Mente*, de *Serpolet*, de *Thin*, de
Sauge, de *Taneſie*, de *Rue*, & autres
herbes vivaces qui ſont pour le ſer-
vice de la maiſon, excepté le *Roma-*
rin, & la *Lavande*, qui viendront
mieux ſi elles ſont plantées en Avril.

Plantez encore quelques *Choux-*
fleurs pour ſuccéder à ceux qui ſont
plantés en Automne.

Au milieu de ce mois accommodez
vos planches d'*Aſperges*, ôtez-en les
herbes, parce qu'au commencement
d'Avril leurs pointes commenceront à
ſortir de terre ; car ſi vous retardiez
ce travail juſqu'à la fin du mois, vous
en gâteriez néceſſairement une bonne
partie.

Pour faire de nouveaux plantemens
d'*Aſperges* en pleine terre, faite pre-
miérement des tranchées, & mettez
une bonne quantité de fumier au fond
de la tranchée, couvrez enſuite le
fumier de ſix ou huit pouces de
terre, & quand toute la piece eſt

ai si préparée & nivelée, commencez à planter ; laissez dix pouces de distance entre chaque *Asperge*, plantez quatre rangs d'*Asperges* dans chaque planche , & donnez aux allées deux pieds de sentier , ensuite semez d'*Oignons* le tour des planches.

Semez de jeunes Salades dans quelque place chaude.

Semez des *Choux* pour la provision de l'Hyver , & du *Céleri* pour qu'il blanchisse promptement ; semez aussi un peu de *Choux-fleur* sur une vieilles Couche.

Semez des *Cardons* pour les transplanter le mois suivant.

A présent travaillez aux *Artichaux*, ne leur laissez que trois ou quatre portans sur chaque grosse racine, & arrachez le reste pour le transplanter & réparer les vuides de vos anciennes planches.

Réchauffez vos Couches de *Concombres* & de *Melons* avec du fumier chaud ; & semez à présent pour avoir une récolte entière.

Transplantez des *Laitues* pour les faire pommer & grainer.

Avec des perches défendez de la violence des vents qui regnent dans cette Saison tous vos arbres nouvellement plantés.

Vous pouvez encore planter toutes sortes d'Arbres de Forêts, les arrosant bien aussi-tôt qu'ils sont plantés.

Semez des graines de *Pin d'Ecosse* ; (1) c'est un arbre très-négligé en Angleterre, (2) mais d'une utilité admirable, qui croît vîte ; il viendroit très-bien dans une terre sabloneuse, telle qu'on en trouve beaucoup en Angleterre : (3) ses racines courent sur terre, ainsi il ne faut pas le planter profondément ; je sçai bien qu'il peut venir dans un terrain gras ; mais je suis persuadé que ceux qui auront vû ces Arbres dans différens terrains, conviendront que celui que je leur conseille est d'un tiers plus avantageux pour les faire profiter.

(1) *Pinus Sylvestris foliis brevibus glaucis, conis parvis albentibus.* Raii Syn. 2 288. *The Scotch pine* ou *Scotch Firr.*

(2) Et plus encore en France où il est presqu'inconnu, il n'y en a qu'un au Jardin du Roi, & peut-être un ou deux en différens endroits

(3) Et en France.

Semez des *Poireaux*, des *Betes*, du *Cerfeuil*, des *Epinards*, du *Fenouil*, de la *Pimprenelle*, de l'*Oseille*.

Semez de la *Chicorée* fort claire, autrement elle montera en graine.

Divisez les pieds de vos *Estragons*, & transplantez-les à huit pouces l'un de l'autre.

Faites des plantations des jeunes *Civetes*.

A la fin de ce mois semez sur des Couches chaudes du *Pourpier*, des *Capucines*, des *Soucis* François & d'Afrique.

Semez des *Soucis* en pleine terre.

Soyez diligent ce mois à détruire les mauvaises herbes avant qu'elles soient montées en graine, parce que si une fois leurs graines sont répandues, c'est l'ouvrage de plus d'un Eté de les détruire.

Dans la Houbloniere taillez tous les grands montans à deux joints, & ôtez toutes les jeunes pousses précisément à la racine, laissant seulement celles qui viennent du vieux pied.

Produit du Potager pendant le mois de Mars.

CE mois fournit à la table peu d'herbes nouvelles ; à préſent les proviſions d'hyver ſont preſque conſommées, & les racines qui étoient d'un ſi grand ſecours, ſont maintenant dures & nouées ; un Jardinier intelligent doit, dans cette Saiſon remplir ſa terre d'herbes & de racines pour les mois ſuivans.

Les ſeules herbes qui ſont bonnes à préſent, ſont des rejettons de *Choux*, des plantes de jeunes *Choux*, des *Choux verds*, & quelques *Epinards* d'*Hiver*.

Les Racines ſont les *Carotes* ſemées en Juillet, les *Raves* ſemées à la S. Michel, quelques *Navets* ſemés tard, & des *Betes-Raves rouges*.

Sur les Couches vous avez les *Haricots*, quelques *Pois*, & les *Concombres* ſemés en Janvier.

Les *Aſperges* plantées ſur Couche en Février, ont à préſent beaucoup meilleur goût que celles que vous avez cueillies dans les mois précédens.

A la fin de ce mois les *Radis* ſemés sur les Couches en Février seront prêts à être mangés.

Vous pouvez à présent ajouter à vos Salades un peu de *Pourpier doré*, avec quelques pointes d'*Estragon*; ces herbes en petite quantité donneront un grand relief à votre Salade.

On cueille des montans d'*Houblon* pour les faire bouillir, & les manger comme des *Asperges*.

On a des *Cerises* mûres & des *Abricots* chez M. *Millet* que j'ai déja nommé.

A la fin du mois on a déja quelques *Fraises* mûres sur les Couches, & un peu de *Feves*, si on a eu assez de courage pour les avancer par des chaleurs artificielles; mais la peine & la dépense tournent rarement à profit.

Les montans & les jeunes pousses des *Navets*, qui viennent en graine, sont à présent excellentes après qu'on en a ôté les filamens; on les fait cuire & on les mange en Salade.

OUVRAGE

OUVRAGES

A faire dans le Potager pendant le mois d'Avril.

AVRIL.

LE tems n'eſt pas ſûr ordinairement dans ce mois. Les nuits ſont fraîches, & les vents d'Eſt regnent dans cette Saiſon. La nouvelle Lune de ce mois que les François nomment *Lune-Rouſſe*, eſt communément ſuivie de vents violents, qui détruiſent les jeunes Plantes & les boutons de Fruits ; ainſi les Jardiniers attentifs doivent ne pas compter ſur deux ou trois beaux jours, qui auront même été chauds, & ne doivent pas expoſer à l'air les Plantes exotiques qui ſont dans les Serres.

Si le tems eſt venteux & ſec, mettez des appuis à vos Arbres nouvellement plantés, ſi cela n'a pas été fait dans le mois précédent.

Arroſez vos Arbres nouvellement plantés une fois tous les dix jours, &

attachez vos *Oignons* pour graine à des baguettes ; car sans cette précaution ils seroient aisément rompus.

Si le tems est sec & beau, semez des *Haricots* à trois pouces de distance l'un de l'autre dans des sillons éloignés de deux pieds ; car ils ne feroient pas bien s'ils étoient plus proches.

A présent semez des *Pois* (1) *verds*, & plantez des *Feves* pour qu'elles succedent à celles que vous avez ; quand les *Feves* ont été semées trop épais, de deux pieds coupez - en un à trois pouces de la racine ; vous aurez encore de cette maniere une recolte abondante en Automne.

C'est à présent le meilleur tems de l'année pour planter des rejettons & des boutures de *Romarin* & de *Lavande*, particulierement après la pluïe, & vous pouvez aussi planter de la *Sauge* & du *Thin*, si vous l'avez oublié le mois précédent.

Semez des *Epinards* pour la derniere récolte dans un lieu qui soit humide, & qui ne soit pas trop ex-

____

(1) *Pisum arvense fructu viridi.* C. B. P. 343. The Green Rounceval peafe. *Le Pois à cul noir.*

posé au Soleil ; car autrement ils mon-
teroient en graine.

C'est à présent le tems que nos
Jardins commencent à être couverts
de Chenilles & de Limaçons qui détruisent les espaliers & les herbes potageres. On a proposé plusieurs moïens
pour les détruire. On a conseillé , par
exemple , de mettre du Tabac pillé ,
de la cendre , de la poussiere de bois ,
&c. au pied des Arbres ou des Plantes. Cela écarte à la vérité le mal
pour quelques jours ; mais la premiere
pluye rompt ces fortifications & permet à ces Insectes de passer par-dessus.
Nous n'avons pas été plus heureux en
mettant de la poix , car quelques jours
chauds la sechent ; mais la pratique la
plus simple , la moins coûteuse & la
plus ingénieuse que j'aye vûe, est celle
de M. le Chevalier *Carleton Goddart*.
Je crois que peu de curieux peuvent
s'en passer. Il conseille de mettre au
corps de chaque Arbre deux ou trois
tours de corde faite de crin de Cheval , comme celles dont on se sert pour
suspendre les draps ; ces cordes sont
si hérissées de pointes qu'aucun Li-
maçon , ni aucune Chenille ne peut

paſſer pardeſſus ſans ſe piquer & ſe tuer ; de cette maniere l'Arbre, s'il eſt à plein vent, ne peut recevoir d'incommodité de ces Inſectes ; mais pour garantir les Arbres en eſpalier, il faut uſer d'un peu plus de précaution ; car non ſeulement il faut entourer le corps de l'Arbre, mais il faut encore que la corde faſſe ſur le mur un circuit aſſez grand pour que les branches de la pouſſe d'une année y puiſſent être entourées & totalement renfermées, comme on le voit dans la Figure A. Cette corde doit être diſpoſée de maniere qu'à meſure que l'Arbre augmente en groſſeur & s'étend ſur la muraille, elle puiſſe avec un petit changement ſervir pluſieurs années.

Quand les eſpaliers ne ſont pas contre les murailles, il faut entourer de cordes de crin les pieds des Arbres près des racines ; il faut faire cet ouvrage dans l'Hyver, lorſque les Limaçons ſont enfermés en terre.

Pour les *Choux-fleurs*, & autres herbes tendres, qui ſont ſujettes à être détruites par les Chenilles & les Limaçons, il faut faire tourner la corde de crin autour de la planche, & la bien arrêter. Il faut remarquer que les cordes faites de crin court font meilleures que les autres, parce qu'il y a beaucoup plus de pointes, & qu'elles font armées de toutes parts contre les attaques de cette vermine.

Semez des *Laitues-pommées* pour fuccéder à celles que vous avez femées le mois précédent.

La terre eft propre préfentement à recevoir les graines de *Thin* & des autres herbes Aromatiques ; mais il ne faut pas différer plus long-tems que les dernieres femaines de ce mois. Remarquez qu'il ne faut pas couvrir de beaucoup de terre les petites graines, qu'il faut enterrer plus profondement les groffes graines, & que dans les terres fabloneufes on doit femer plus profondement que dans les terres fortes.

Semez du *Pourpier-doré* en pleine terre, & à la fin de ce mois femez quelques graines de *Capucine*. Si vos Couches ne font pas remplies de jeunes Plantes, femez des petites Salades dans des bordures bien expofées, comme du *Creffon*, des *Raves*, de la *Moutarde*, & des *Radis*.

Vous pouvez continuer à planter des *Fraises* jufqu'au milieu de ce mois, en mettant les pieds à huit ou dix pouces de diftance.

Si le tems eft humide il n'eft pas trop tard pour faire des boutures de *Jaffemin*, de *Chevrefeuille*, de *Rofiers*, & de pareils Arbuftes.

Semez du *Celeri* en pleine terre, ou fur une Couche qui ait prefque perdu fa chaleur, pour qu'il fuccéde à celui qui a été femé en Mars.

Semez auffi des *Cardons* en pleine terre pour une feconde récolte, faites les trous à cinq ou fix pieds de diftance, mettez quatre ou cinq graines dans chaque trou ; & quand elles feront forties, laiffez feulement la plus vigoureufe Plante pour la faire blanchir.

Sarclez à la fin du mois vos *Carotes* & vos *Oignons* ; que les *Carotes* foient à cinq pouces de diftance, & les *Oignons* à 2. 3. ou 4. pouces.

Faites des planches pour avoir une récolte entiere de *Concombres* & de *Melons*. Taillez les branches fuperfluës de vos pieds de *Melons* ; mais faites cet ouvrage avec attention fans déranger les racines, parce que cela feroit périr la Plante.

Dans la Houbloniere mettez 4. ou 5. perches sur chaque butte suivant que la force des Plantes le demande, en même tems appuyez les branches du *Houblon* contre les perches, & s'il est nécessaire liez-les légerement, détruisez toutes les mauvaises herbes, pour prévenir une plus grande peine si leur graine se répandoit.

Si vous avez soigné attentivement vos *Vignes* plantées dans les Verrieres, vous pouvez compter que vous aurez du fruit, & c'est à présent le tems de pincer leur pousse deux ou trois yeux au-dessus du fruit ; car vous devez considérer que ces Plantes qui font avancées par artifice, ne se gouvernent pas dans les mêmes Saisons que celles qui suivent les loix communes de la Nature.

Arrosez bien deux ou trois fois la semaine, si le tems est sec, vos *Fraisiers* quand ils feront en fleur. Cet ouvrage se doit faire le matin.

C iiij

Produit du Potager pendant le mois
d'Avril.

POUR les Salades cuites vous avez
les jeunes *Carotes* femées à la fin de
l'Automne & des *Epinards* d'Hyver,
vous avez encore des *Brocoli*; les
montans de *Raves* fervent auſſi dans
la rareté des Plantes vertes, & ne
font pas à méprifer; mais ce qui eſt
préférable à tout, ce font les *Afper-*
ges qui viennent en abondance en
pleine terre, & qui commencent à
paroître, dans les Jardins autour de
Londres, le 3. ou le 4. de ce mois,
& 15. jours plûtôt de le Comté de
Devon dans les endroits fitués fur les
rivages de la Mer; je ne fais cette
remarque ici que pour faire voir com-
bien un dégré de différence au Nord
ou au Midi peut annoncer ou retar-
der la production des Plantes. Vous
avez auſſi quelques pieds de *Choux-*
fleurs qui commencent à monter principalement ſi l'Hyver a été doux,
& ils font fort bons à manger.

Les jeunes *Radis* font à préſent en
abondance, la *Laitue-Brune d'Hol-*

lande qui a passé l'Hyver, pomme à la fin de ce mois.

Les petites herbes pour la Salade en pleine terre sont, le *Cresson-alenois*, les *Raves*, les *Radis*, la *Moutarde* & les *Epinards* ; & les autres herbes propres à mêler avec elles sont, la *Pimprenelle*, l'*Estragon*, & les jeunes *Oignons* ; sur les Couches vous avez aussi du *Pourpier-doré*.

A la fin de ce mois les *Haricots* qui ont été semés en Février sur une Couche chaude, sont en état d'être cueillis.

Vous avez abondance de *Concombres* sur les Couches du mois de Février ; vous avez aussi des *Champignons* sur les Couches faites dans le même tems.

Vous avez encore des *Echalottes*, des *Poireaux*, & toutes les fines herbes, excepté la *Marjolaine* d'Hyver.

On trouve des *Cerises* mûres & des *Abricots verds* en grande abondance chez le même M. *Millet*

Il y a des *Fraises* sur les pieds qui ont eu le secours de la Couche chaude.

Vous avez des *Groseilles vertes* pour des tartes.

OUVRAGES

A faire dans le Potager pendant le mois de Mai.

MAI.

QUOIQUE la Saison soit si avan-cée dans ce mois, qu'elle pro-duise plusieurs Plantes dans leur per-fection , & que la Nature paroisse avoir pris ses beaux ornemens, le Jardin est encore sujet à plusieurs dangers par les nuits fraîches & les verglats qui arrivent souvent pendant les quinze premiers jours de ce mois ; il n'y a pas beaucoup d'années qu'il tomba une grande quantité de nei-ge la premiere semaine de ce mois. La neige n'est pas commune dans cette Saison ; mais les orages sont fréquens au commencement, & sont souvent mêlés de grêle , ce que je regarde comme une chose très-dan-gereuse pour les Plantes dans le Prin-tems (& en tout tems) parce que les feuilles & les fruits qui sont tendres

font très-fujets à être rompus & en-
dommmagés par le moindre accident
de cette efpece.

. C'eft une régle parmi les Jardiniers
de mettre hors de leur Serre au 15.
. de ce mois toutes leurs Plantes exotiques, leurs Orangers & autres Arbuftes, qui ont été enfermés les mois
précédens pour les défendre des mauvais tems ; & j'ai remarqué auffi qu'a-
près le 15. on a rarement des tems
affez mauvais pour leur nuire.

Si le mauvais tems ou d'autres accidens ont empêché le Jardinier de
faire les ouvrages que j'ai recomman-
dés dans les mois précédens, qu'il ne
différe pas plus long-tems que la premiere femaine de ce mois ; car la Saifon eft fi avancée, qu'un jour perdu
eft égal à une femaine en Janvier,
Février & Mars.

A préfent examinez vos Melonieres,
auffi bien celles qui ont été faites en
Février, que celles qui ont été plantées dans le mois précédent, retran-
chez-en les *branches gourmandes* (1) que

______

(1) *VVater'sbranches*, ce font des branches
qui ne portent point de fruit, & qui s'étendent beaucoup ; les Anglois les nomment *bran-*

vous connoîtrez par leur groffeur extraordinaire ; il eft auffi à propos de
pincer le bout des branches dont le
fruit eft arrêté , mais laiffez trois ou
quatre joints au-deffus du fruit. Prenez un foin particulier pour que le
fruit foit couvert de feuilles , parce
qu'en l'expofant au Soleil quand il
eft petit, on empêche fa croiffance
& fa force ; remarquez bien qu'un *Melon* eft quarante jours entre le tems de
s'arrêter & celui de mûrir ; & autant
je confeille que le fruit foit défendu
par des feuilles pendant le tems de
fa croiffance , autant j'ordonne que
quand fa croiffance eft parfaite , on
l'expofe au Soleil pour le faire mûrir
& lui donner bon goût.

Si la Saifon eft féche, arrofez les fen-
tiers entre les planches de *melons*
plûtôt que de verfer de l'eau fur les
Plantes & fur leurs feuilles , car
on n'arrofe que pour nourrir l'extrêmité des fibres des racines, & ces
fibres dans les *Melons* & les *Concombres* s'étendent autant que les bran-

ches d'eau , parce qu'il en fort beaucoup d'eau,
& les Jardiniers les appellent ici *des branches
folles* ou *gourmandes.*

ches des Plantes ; l'inconvénient qui arrive en arrosant le pied & les feuilles, est que l'humidité restant au pied fait périr & moisir la Plante, ou qu'elle est brûlée par le Soleil.

Que l'eau dont vous vous servirez pour ces arrosemens soit aussi simple qu'il sera possible, parce que toute eau préparée avec des fumiers chauds apporte des Insectes qui souvent détruisent les Plantes ; je trouve que l'eau de Reservoir bien exposée est la meilleure, & encore doit-elle être donnée en petite quantité aux *Melons*, parce que beaucoup d'humidité gâte le *Melon*, & lui ôte son parfum ; mais pour les *Concombres* il leur faut donner beaucoup d'eau.

Au commencement de ce mois semez des *Concombres* en pleine terre, douze graines dans chaque trou, pour qu'il n'en manque point ; mais ne laissez que quatre ou cinq pieds des plus forts, quand elles seront levées ; tenez la terre bien legere & bien travaillée avec la bêche, qu'elle soit plûtôt legere que pesante, parce que dans une terre pesante la Plante est sujette à être tourmentée des vers.

Cette femence vous apportera abondance de fruit en Juillet, tant pour
confire au Vinaigre que pour manger
en Salade ; une plantation de cette
efpece produit une fois plus de fruit
que fi elle étoit dans un terrain forcé
par du fumier.

Semez quelques *Laitues brunes* de
Hollande que vous replanterez le mois
fuivant pour pommer ; vous pourrez
auffi planter des *Laitues Impériales* &
des *Laitues de Silefie*, fi vous en avez
d'affez groffes pour cela ; fi vous avez
quelques *Laitues Impériales* pommées,
coupez-en la tête en croix pour laiffer
aux branches à fleur la liberté de fortir & de grainer ; femez encore quelques *Radis*.

Tranfplantez des *Choux-fleur*, &
faites vos premieres tranchées pour le
Celeri, fi vos Plantes font affez groffes,

Semez des *Pois à cul noir*, & à la fin
de ce mois faites leur des mottes au
pied, & ramez ceux qui ont été femés dans les mois précédens.

Vous pouvez femer de la *Chicorée*
fort épais pour la laiffer blanchir en
place.

Semez du *Pourpier* en pleine terre
& des *Choux*,

Ramaſſez ſoigneuſement les nids
de Chenilles & d'autres Inſectes, qui
incommodent vos Arbres, & ôtez toutes les feuilles recoquevillées, parce
que c'eſt-là où la plus mauvaiſe vermine ſe niche, quoiqu'elle ſoit à peine
viſible ſans le ſecours du Microſcope;
cet ouvrage eſt très - néceſſaire, car
chaque Inſecte augmente tous les ans
de 400. & davantage ; par exemple,
les Chenilles qui vivent ſur les *Choux*
& qui ſe changent en Papillons blancs-
jaunâtres, font des œufs deux fois
l'année, ainſi vous devez attendre
de la ſeconde production d'une ſim-
ple Chenille au moins 160000.

Continuez de détruire les mauvaiſes herbes avant que leurs graines
ſoient répanduës, & particulierement
celles dont les ſemences ſont aigre-
tées, comme le *Piſſenlit*, parce que
le vent les porte dans le Jardin, &
qu'il eſt preſqu'impoſſible de les détruire, quand elles en ont une fois
pris poſſeſſion.

Produit du Potager pendant le mois de Mai.

LE Potager nous offre à préfent plufieurs variétés agréables, foit pour le fruit ou pour les herbes.

Les *Afperges* font à préfent en grande abondance, les *Choux-fleur* font dans leur perfection.

La *Laitue Impériale*, la *Laitue Royale*, la *Laitue* de *Silefie*, & plufieurs autres efpeces de *Laitues pommées* font à préfent dans leur primeur, & fort propres pour les Salades de cette Saifon, avec des mêlanges de jeunes *Pimprenelles*, de *Pourpier-doré*, des fleurs de *petite Cacupine*, & des *Concombres*; car pour les petites herbes qui fervoient aux Salades du mois dernier, on ne s'en fert plus, elles montent en graine auffi-tôt qu'elles font hors de terre, & font trop chaudes pour la Saifon.

Nous avons quelques *Haricots* de ceux qui ont été femés fur Couche.

Dans ce mois on cueille des *Pois* & des *Feves* fur les pieds qui ont été femés dans le mois d'Octobre; il y a auffi abondance d'*Artichaux*.

Nous

Nous avons des *Grofeilles vertes* (1) pour faire des Tartes.

Les *Carotes* femées fur une Couche chaude en Février font à préfent très-bonnes, & celles qui ont été femées à la Saint Michel font dures & cordées & ne valent plus rien ; les *Epinards* font encore bons à manger.

A la fin du mois vous avez des *Fraifes rouges* en pleine terre, les *Cerifes communes de Mai*, quelques *Duke Cerifes* (2) contre des murailles, & des *Abricots verts* pour les Tartes & les Compotes.

C'eft à préfent le mois propre pour la diftillation des herbes qui font dans leur plus grande perfection.

(1) Les Tartes de Grofeilles vertes font en Angleterre un mets délicat.

(2) C'eft une très-bonne efpece, le Frere *Philippe*, Jardinier des Chartreux, en a dans fa Pepiniere.

OUVRAGES

Pour le Potager dans le mois de Juin.

JUIN.

J'AI donné dans les mois précédens une histoire abregée du tems & des Saisons, afin de rendre attentifs les Jardiniers, & de leur faire prendre les soins nécessaires pour conserver les plantations les plus sujettes à être gâtées par l'inconstance des Saisons.

Les mois précédens, notre soin étoit de nous garantir du froid ; à présent nous devons nous servir des moyens les plus propres pour défendre, des rayons violens du Soleil, les Plantations, & principalement les Plantes nouvellement transplantées, il faut les rafraîchir par des arrosemens moderés, sans les arroser trop près du pied ; on doit à présent arroser le soir.

Continuez d'accommoder de grand

matin, & après la pluye, vos allées vertes.

Semez quelques *Laitues* à pommer & replantez celles qui font affez fortes pour pommer.

Vous pouvez encore femer des *Raves* & de la *Chicorée*.

Continuez de détruire les mauvaifes herbes comme dans les mois précédens.

C'eft à préfent le tems propre pour tailler vos bordures de *Buis*, particulierement après la pluye ; mais fi le tems eft fec, ramaffez des herbes pour les faire fécher, & vous en fervir l'Hyver. Celles dont on fe fert ordinairement font la *Sauge*, le *Baume*, les fleurs de *Chardons*, la *Marjolaine* douce, le *Thin*, la *Lavande*, le *Romarin* & les fleurs de *Souci*.

Vers le 20. du mois tranfplantez des *Poireaux* en un très-bon terrein, chacun à fix pouces de diftance.

Ne coupez plus d'*Afperges* après la premiere femaine de ce mois, parce que cela affoibliroit trop leurs racines.

La Saifon eft très-propre à préfent pour greffer en Ecuffon les *Pefchers*, & les autres fruits à noïau.

D ij

Semez des *Haricots*.

Semez quelques *Pois à cul noir* à 4. ou 5. pouces de diſtance l'un de l'autre, ils vous apporteront une bonne récolte en Septembre.

A préſent ſoignez vos Eſpaliers d'Arbres fruitiers, & laiſſez-y-beaucoup de branches, tant pour remplir les places vuides que pour porter du fruit.

Produit du Potager en Juin.

Au commencement vous avez quelques *Aſperges*, mais je ne conſeille pas de les couper après la premiere ſemaine.

Nous avons une grande abondance de *Feves* de Jardins, de *Pois* & de *Haricots*. Les *Choux-fleur* ſont à préſent dans leur plus grande perfection ; & il y a auſſi des *Choux* de l'eſpece de *Batterſea* & des *Choux* de *Hollande* en état d'être coupés au commencement de ce mois. Nous avons encore grande abondance d'*Artichaux*.

On commence à tirer des jeunes *Carotes* & des *Oignons* ſemés en Février, & quelques jeunes *Panais*.

Les Salades de ce mois font compofées de *Pourpier-doré* , de *Pimpre-*
nelle , de *Fleur de Capucine* , de *Laitues*
pommées de diverfes efpeces (fçavoir,
la *Brune d'Hollande* , l'*Impériale* , la
Silefie Royale & la *Cofs-Laitue*), (1)
de *Chicorée* blanchie & de *Concombres*.

Les fleurs de *Bourache* & la *Pimpre-*
nelle font à préfent bonnes dans les
boiffons raffraîchiffantes ; les herbes
dont on fe fervoit pour le pot dans les
mois précédens, font encore bonnes.

Vous avez des *Grofeilles vertes* pour
les Tartes jufqu'à la fin de ce mois.

Les fruits mûrs font , les *Fraifes* ,
les *Cerifes* de plufieurs efpeces , (comme la *Duke* , la *Blanche* , la *Noire* , la
Flamande ,) quelques *Frambroifes* ,
quelques *Grofeilles* (2) *de Corinthe* ,
& des *Melons* de vos premieres femences. Vous avez auffi des *Pommes*
de *Faux* (3) *Rembour*, & à la fin du
mois quelques *Calvilles* (4) *blanches*.
Les *Abricots mâles* ou gros *Abricots*

(1) Cette efpece de Laitue fe nomme auffi en
Angleterre *Laitue de Verfailles*, il y en a de
deux efpeces, une blanche & une noire.
(2) La groffe Grofeille.
(3) En Anglois *Codlin*.
(4) En Anglois *Junitings*.

paroiſſent dans les Serres forcées ; toutes les eſpeces de *Raiſin Printanier* ſont mûres.

OUVRAGES

A faire au Potager dans le mois de Juillet.

JUILLET.

NOus ſommes à préſent arrivés à cette heureuſe Saiſon qui nous apporte toutes les variétés qu'un Potager puiſſe produire ; ſi le Jardinier a été diligent dans les mois précédens, il reçoit à préſent la récompenſe de ſon induſtrie & de ſon travail. On a peu de pluye dans cette Saiſon ; ainſi le plus grand ſoin doit être d'arroſer tous les Arbres & les Plantes, & il faut que l'arroſement pénétre juſqu'à l'extrémité de leurs racines, comme je l'ai déja dit. Les heures d'arroſer dans ce mois ſont, depuis cinq heures du matin juſqu'à huit, & depuis cinq heures du ſoir juſqu'à huit ou neuf, mais dans quelques endroits particuliers qui font garantis du Soleil par des murailles ou des hayes, on peut prendre d'autres heures, il faut toujours obferver les mouvemens du Soleil & prendre garde que fes rayons ne donnent fur les Plantes que deux heures après qu'elles auront été arrofées, parce que l'extrême chaleur du Soleil dans cette Saifon brûleroit une Plante nouvellement arrofée, fi on ne donnoit à l'eau un tems fuffifant pour s'écouler dans la terre avant que le Soleil y vînt.

Ne vous fiez pas trop aux pluyes qui tombent dans cette Saifon, parce qu'elles ne pénétrent point jufqu'aux racines des Plantes. Ne négligez jamais d'arrofer les Plantes qui font déhors dans des Pots & dans des Caifes, parce qu'elles profitent moins des pluyes en cette Saifon que les Plantes qui font en pleine terre.

La premiere femaine de ce mois, femez des *Haricots* & des *Pois* qui rapporteront en Septembre & Octobre, & femez-les dans des places où ils foient à l'abri de quelques murs qui les garantiffent des nuits fraîches de ces deux derniers mois,

Ayez attention aux Plantes dont les graines fe forment , arrofez-les abondamment , parce que les Capfules où font renfermées les graines, croiffent préfentement, & un ou deux bons arrofemens font très-utiles pour les faire groffir.

Ne différez pas d'amaffer les graines qui ont acquife leur groffeur & leur couleur naturelle dans leurs Capfules ; arrachez ou coupez toute la Plante, & mettez-là toute droite dans une Serre , jufqu'à ce que les Capfules qui renferment la graine foient féches, parce que quand vous attendez que les Capfules s'ouvrent , une grande partie des graines fe perdent ; cette maniere de ramaffer les graines eft la meilleure & la plus en ufage, l'humidité des Plantes & un peu de Soleil achevent de mûrir parfaitement les graines, & de cette maniere on évite qu'elles foient mangées par les Oifeaux, & que l'humidité les faffe périr.

La premiere femaine femez des *Concombres* fur une Couche faite de fumier fec & de litiere de cheval & couverte de dix pouces de terre ; ces *Concombres* commenceront à porter en Septembre

Septembre en les couvrant, alors la nuit avec des *Verrieres* communes & des *Cloches* pour les défendre des froids & des pluïes froides. Vous aurez des *Concombres* jufqu'à Noël.

Semez dans le milieu de ce mois de la *Laitue Royale*, de la *Laitue de Silefie* & des *Laitues brunes de Hollande*, parce que plufieurs pommeront pour l'Hyver ; il faut les planter près les unes des autres, & dans un endroit où on puiffe les couvrir avec des *Cloches* & des *Verrieres*, & où elles joüiffent entierement du Soleil ; il faut furtout avoir grand foin de les garantir avant que le froid les ait touché, parce que fi elles en avoient fenti la moindre impreffion, elles périroient.

La feconde femaine de ce mois femez des *Carotes*, des *Panais* & des *Oignons* pour qu'ils paffent l'Hyver.

Mettez de la terre à vos *Celeris*, & plantez-en encore de nouveaux pieds pour qu'ils fuccedent aux premiers.

Plantez des *Choux-fleurs* pour fleurir en Septembre.

Plantez des *Choux* ordinaires & des *Choux* de *Savoye* pour l'Automne & l'Hyver.

E

Défendez vos fruits des Guefpes & des autres Infectes qui à préfent les détruifent ; vous placerez des bouteilles de *Miel* & d'*Ail* auprès des Arbres fruitiers , & par ce moyen vous prendrez une grande quantité d'Infectes ; renouvellez une fois la femaine vos bouteilles , & furtout tuez avec foin les Mouches ; quoiquelles paroiffent mortes , un beau jour de Soleil les fera revivre , ainfi détruifez-les abfolument.

Il n'y a pas de tems plus propre pour détruire les *Fourmis* & les autres vermines, elles font à préfent toutes dehors & peuvent être prifes. Voiez l'Invention de M. *Laurence* pour les détruire , & pour détruire les Vers de terre dans le *Calendrier du Jardin fruitier* , page 74.

Soyez attentif à ôter toutes les feüilles recoquevillées quelque part que vous les voyez , parce que c'eft là où font les nids des Chenilles , & détruifez les coques des Chenilles fi elles font formées.

Je recommande très-fort la deftruction de ces Infectes à caufe de leur multiplication prodigieufe , il faut exterminer principalement le petit Insecte qui infecte les *Choux-fleur* , parce que ses œufs sont cinq cens fois plus petit que le plus petit grain de sable visible , & qu'un seul Insecte en pond plusieurs milliers. Si chaque œuf que l'on trouve sur un *Choux-fleur* étoit d'un pouce de diametre , à la seconde génération ils seroient si nombreux qu'ils couvriroient tout le Globe terrestre. La prodigieuse petitesse de ces œufs paroîtra, je l'avoue, tres-extraordinaire à ceux qui ne sont pas habitués à se servir du Microscope ; mais cela n'est pas plus surprenant que ce que le défunt Docteur *Hook* nous a appris dans ses Ouvrages , où il fait mention de graines de Mousse qui sont si petites , que 90000 de ces graines étant rassemblées dans une ligne droite n'excéderont pas la grandeur d'un grain d'orge , & qu'un milliar 382400000. de ces graines peseroit seulement un grain. Si vous en voulez sçavoir davantage , voyez M. *Hook Micrographia*, M. *Leeuwenhoeck* dans les *Transactions Philosophiques* , & le chapitre des Insectes dans la part. 3. de mes *New Imp*.

Continuez à bêcher & à arracher les

mauvaises herbes, comme dans les mois précédens.

Au 20. de ce mois, semez quelques *Choux-fleur* pour rester l'Hyver; c'est même la veritable Saison de les semer si on en veut avoir de bonne heure dans le Printems; car les semant quelques jours plûtôt ou plûtard, il arrive qu'ils sont en fleur avant leur tems, ou qu'ils sont plus foibles qu'ils ne devroient être. Si l'Hyver est doux & que les Plantes soient près les unes des autres, plusieurs monteront à graine; & si les froids sont vifs, & que la Saison dure commence en Novembre, plusieurs de ces Plantes (avec le secours ordinaire) feront d'excellentes plantes tardives; comme le prix d'une petite graine n'est pas un grand objet pour un Curieux, je conseille encore d'en semer la premiere semaine du mois suivant, comme je le dirai plus particulierement; ainsi de ces deux semences il est impossible qu'il n'y en ait une qui ne réüssisse, parce que si les *Choux-fleurs* de Juillet montent, ils ne seront pas tout-à-fait inutiles, & ceux qui auront été semés dans le mois d'Août produiront certainement de bonnes fleurs au Printems.

Vous semerez encore du *Chervis* pour l'Hyver.

Vous arracherez dans ce mois l'*E-chalotte*, l'*Ail*, & la *Rocambole* quand leur fruit deviendra jaune.

D'abord que les feuilles des *Oignons* changent de couleur, tirez-les de terre dans un temps sec, exposez-les au Soleil jusqu'à ce qu'ils soient bien secs pour vous en servir l'Hyver; mais prenez garde que la pluïe ne tombe dessus lorsqu'ils sont hors de terre.

Transplantez de la *Chicorée* pour qu'elle blanchisse au commencement de l'Hyver.

A présent il faut lier vos *Cardons* & les couvrir de paille pour les faire blanchir.

Faites une Couche pour des *Champignons*, & la couvrez tout au plus de deux pouces de terre, parce que c'est de-là que dépend le succès.

Sarclez & ôtez les mauvaises herbes de vos Pepinieres d'Arbres & de Forêts.

Produit du Jardin Potager en Juillet.

Nous avons des *Pois* , des *Feves de Jardin* (1), des *Haricots* , & quelques-uns font ramasser des *Coſſes de jeunes Pois* , pour les accommoder comme les *Haricots*.

Vous avez abondance de *Choux pommés*, de *Choux-fleur*, & d'*Artichaux*, & quelques petits montans d'*Artichaux* bons à être grillés & frits.

Toutes les herbes pour la Cuiſine font très-bonnes, ſi le Jardinier a eu le ſoin de tems-en-tems de les couper au pied pour les faire pouſſer de nouveau ; les herbes Aromatiques ſurtout font dans leur grande perfection.

Les Salades pour ce mois font compoſées de *Laitues pommés* , de *Pourpier-doré* , d'*Eſtragon* , de *Pimprenelle*, de *jeunes Oignons* , de *Concombres* , de *fleurs de Capucines* , & de *Chicorée blanchie*.

Vous avez de jeunes *Carotes*, des *Navets* & des *Bettes*.

Vous avez grande abondance de

(1) Ce font des Feves appellées ici *Feves de Marais*.

Melons musqués, de *Framboises*, de *Groseilles*, de *Fraises*, de *Cerises*, de *Prunes*, d'*Abricots*, de *Pêches*, & de *Pavies*. On a une ou deux fortes de *Raisins* mûrs chez M. *Fairchild à Hoxton*.

Le *Juniting* & le *Codling* font à préfent bons, & quelques *Poires*; vous avez encore quelques *Fraises de Bois*, les premieres *Figues* font mûres à la fin du mois, il y a aussi quelques *Raisins* de Juillet.

C'eft ici le meilleur mois pour mettre les *Concombres* au Vinaigre.

OUVRAGES

A faire au Potager pendant le mois d'Août.

AOUST.

LA premiere partie de ce mois eft féche & chaude, ainfi les arrofemens font très-néceffaires; mais à la fin nous avons quelquefois des nuits fraîches, & j'ai obfervé que c'eft auffi dans ce tems-là que nos premieres pluïes commencent.

E iiij

Vous pouvez arrofer le foir jufqu'au 15. mais à préfent le matin eft préférable à caufe du froid. (1).

La premiere femaine femez une feconde fois des *Choux - fleur* pour les faire paffer l'Hyver , & pour réparer la premiere femence qui eft fujette à monter à graine fi la Saifon eft douce jufqu'à Noël, particulierement auprès de la Mer ; il eft bon de fe précautionner contre de tels accidens.

Semez des *Radis* , des *Choux* , des *Brocolis* & des *Oignons* pour en avoir l'Hyver.

Semez de la *Laitue* , du *Cerfeüil* , de la *Corne de Cerf* , & des *Epinards* pour l'Hyver.

Rompez les bâtons des *Artichaux* qui ont fini de porter.

Semez du *Creffon* pour paffer l'Hyver , il augmentera le goût des Salades qui font cueillies fur des Couches chaudes en Décembre & Janvier.

Tranfplantez des *Laitues pommées*

____

(1) En France je crois qu'on peut arrofer jufqu'à la fin du mois fans crainte , & que 15. jours plûtôt ou plûtard font toute la différence pour le climat de la France & de l'Angleterre.

pour paſſer l'Hyver, particulierement la *Laitue brune de Hollande*.

Liez de la *Chicorée* pour blanchir.

Donnez davantage de terre à votre *Celeri* qui blanchit, continuez d'élever la terre tous les 15. jours juſqu'à ce qu'il ſoit bon à manger.

Ramaſſez les graines, comme il a été conſeillé dans le mois précédent.

Continuez de détruire les mauvaiſes herbes & les inſectes qui incommodent vos Arbres.

A la fin du mois, coupez à trois ou quatre pouces de terre les montans de vos herbes Aromatiques, qui ſont en graine, comme l'*Hiſope*, le *Thin* & la *Marjolaine* ; ne faites cet ouvrage que dans un tems humide.

Juſqu'au 10. de ce mois vous pouvez ſemer des *Raves* ou *Navets* en pleine terre, & particulierement autour de *Londres* ; car ces racines non ſeulement rapportent une moiſſon profitable, mais enrichiſſent tous les terrains legers. Dans les endroits voiſins de la Mer en *Devonshire*, il n'eſt pas trop tard de les ſemer le 20. de ce mois ; car cette contrée eſt ſi heureuſement ſituée qu'elle perfectionne une

Plante quinze jours plûtôt qu'aucune autre autour de *Londres*, & par les meilleures obfervations que j'ai pû faire, j'ai trouvé qu'auprès de *Northampton* toutes les plantes viennent quinze jours plûtard que dans nos Jardins de *Lorraine*; c'eft pourquoi il faut femer dans ces endroits les *Navets* au commencement d'Août ou même à la fin de Juillet.

Produit du Jardin Potager pendant le mois d'Août.

NOUS avons pour mettre au Pot les *Choux*, les montans des premiers *Choux*, les *Choux-fleur*, les *Artichaux*, les *Laitues pommées*, les *Bettes*, les *Carottes*, les *Truffes blanches*, & les *Navets*; il ne faut pas encore toucher aux autres Racines.

Vous avez quelques *Feves*, des *Pois*, & des *Haricots*.

Toutes les mêmes herbes pour la Cuifine que dans le mois précédent.

Vous avez des *Radis* & du *Cran*.

Les Salades font compofées de *Laitues pommées*, de *Concombres*, de jeune *Creffon*, de *Moutarde*, de *Radis*, & d'un peu d'*Eftragon*.

Les *Racines* ferrées dans la maison font, les *Oignons*, l'*Ail*, les *Echalottes*, & les *Rocamboles*.

Vous avez abondance de *Concombres*, pour mettre au Vinaigre, & il ne faut pas différer plus long-tems de les confire, parce que le premier froid ou une pluie les détruisent.

Vous avez des *Melons musqués* en abondance.

A la fin de ce mois, vous commencez à couper du *Celeri*.

Vous avez encore quelques *Fraises*, des *Framboises* & des *Groseilles*, quelques *Cerises de Carnation* & de *Morelle* (1), des *Abricots* & des *Prunes* de différentes sortes ; plusieurs especes de *Pesches* & de *Pavies*, des *Poires* & des *Pommes* ; plusieurs sortes de *Figues*, des *Mûres* & des *Noisettes*.

Les *Raisins* de Juillet sont les *Raisins doux* de M. *Fairchild*, le petit *Raisin bleu* de M. *Fairchild* qui est le *Morillon*, (excellente espece de *Raisin* pour une Vigne) & le Raisin *de Bourgogne*.

(1) Le Frere *Philippe* a ces Arbres dans ses Pepinieres.

OUVRAGES

A faire dans le Potager pendant le mois de Septembre.

SEPTEMBRE.

DANS ce mois le Jardinier a une grande varieté de travaux, & doit remplir le Potager de tout ce qui est neceffaire pour l'Hyver.

Les Orages qui manquent rarement dans cette Saifon, préparent la terre à recevoir plufieurs graines & plufieurs Plantes, tandis que la chaleur du Soleil qui diminue donne une nouvelle facilité de replanter plufieurs chofes, qu'il y auroit eu du danger à changer dans les mois précédens.

Au commencement de ce mois farclez les *Raves* & les *Navets* pour la premiere fois.

Si le tems eft fec ramaffez les fruits qui font mûrs & ceux qui font dans leur perfection, & mettez-les dans la maifon pour l'ufage des mois fuivans.

Remarquez que les *Poires* & les

Pommes qui font en parfaite maturité quittent aifément l'arbre ; ainfi n'ufez pas de violence pour les tirer , car les fruits qui tiennent ferme à l'Arbre doivent y refter encore quelques jours , & s'ils quittoient l'Arbre avec peine , ils rideroient , & auroient un goût infipide.

Ramaffez les graines qui font mûres avec les mêmes foins qu'il a été dit-ci-devant.

Ramaffez les graines de vos *Poireaux* fi elles font noires , pour cela coupez-en les têtes , & mettez-les fur du papier au Soleil tous les jours , jufqu'à ce que les graines fortent facilement.

Ramaffez les *Feves* & les *Haricots* , expofez - les au Soleil pour fécher, & enfuite gardez-les jufqu'à ce que vous vous en ferviez ; mais ne les tirez pas de l'Ecoffe , parce que les Ecoffes confervent les graines ; ufez-en de même pour les *Pois* dont vous voulez garder la graine.

Les *Concombres* qui font à préfent en pleine maturité doivent être ouverts , & on doit tirer la pulpe & les graines, & les laiffer deux ou trois jours avant que de les laver ; il faut faire tremper la graine 24. heures dans l'eau, & enfuite l'expofer 10. jours au Soleil pour qu'elle féche ; foyez furtout attentif à ne ferrer aucune graine qui ne foit bien féche ; car autrement elle périra.

Couvrez à préfent chaque nuit vos *Concombres* femés en Juillet.

Semez quelques *Radis d'Efpagne* pour l'Hyver.

Faites des Couches pour les *Champignons* de la maniere qu'il a été ci-devant dit.

Vous pouvez replanter de la *Chicorée*, & autres plantes dont les racines font fibreufes.

Continuez de mettre de la terre au pied de votre *Celeri*, & mettez-en auffi au pied de vos *Cardons* pour les faire blanchir.

Semez des *Epinards* pour les couper en Fevrier.

Semez de l'*Ofeille* & du *Cerfeüil*.

Faites des Plantations de *Choux* & de *Brocolis*.

C'eft à préfent une bonne Saifon pour tranfplanter des *Fraifiers*.

Faites des plantations de *Laitues brunes de Hollande* pour paffer l'Hyver.

Transplantez de jeunes Plantes de *Choux-fleur* dans les places où elles devront fleurir , & dans les Pepinieres sous quelques murailles chaudes & bien abritées ; remarquez que ceux qui font plantés en place feront en état d'être mangés quinze jours plûtôt que ceux qui font plantés dans le Printems, & qu'ils produiront des *Pommes* plus groffes fi elles font bien défenduës du froid par des Cloches.

Si la Saifon eft féche arrofez le matin.

La derniere femaine de ce mois , s'il y a eu des orages ou des pluïes, c'eft un très-bon tems pour planter des *Pesches* & autres fruits à noyaux ; mais il faudra attendre jufqu'au milieu du mois fuivant pour tranfplanter les *Pommiers* & *Poiriers*.

Vous pouvez tranfplanter quelques pattes d'*Afperges*.

Semez quelques petites herbes pour la Salade en quelque bonne expofition, obfervant de vous pourvoir pour cette Saifon de mêlanges qui foient plus chauds au goût de ceux qui ont été cueillis dans les mois précédens ; car les foirées (le meilleur tems pour manger de la Salade) font à préfent fraîches.

Semez quelques graines de *Capucines* dans les Pots pour paffer l'Hyver, ce qu'elles foutiendront très-bien fi elles font mifes à couvert dans une Serre commune.

Produit du Jardin Potager pendant le mois de Septembre.

NOUS avons plufieurs fortes de *Pefches*, de *Raifins*, de *Figues*, de *Poires*, de *Pommes*, avec quelques *Prunes tardives*.

On a encore quelques *Melons* & des *Concombres*.

Les *Noix* font bonnes, & les *Noifettes* font mûres.

Ce mois nous donne quelques jeunes *Féves de Jardin*, des *Pois à cul noir* ; nous avons encore quelques *Haricots*.

Pour les *Artichaux* plantés au Printems, vous en cueillez quantité & de très-bons.

Vous avez auffi abondance de *Choux-fleur*.

Vous avez des *Laitues pommées* de plufieurs

plusieurs especes en grande perfection,
& des *Radis*.

Les Salades pour ce mois sont composées de *Cresson*, & de petites *Raves*,
de *Cerfeüil*, de jeunes *Oignons*, d'*Estragon*, de *Pimprenelle* & de *Laitues*, avec
du *Celeri* & le la *Chicorée blanchie*.

Vous avez abondance de *Champignons* sur les Couches, & dans les
Bruyeres & pâtures.

Vous avez des *Carotes*, quelques
Navets, du *Cheruis*, du *Scorsonaire*,
des *Bette-raves* blanches & rouges.

Les Racines pour la Cuisine sont, le
Cran, les *Oignons*, l'*Ail*, les *Echalotes*, & la *Rocambole*.

Nous avons abondance de *Choux*,
des montans de *Choux*, & quelques
Choux de Savoye ; mais ces derniers
sont meilleurs à manger quand la gelée a donné dessus.

OUVRAGES

A faire au Potager pendant le mois d'Octobre.

OCTOBRE.

NOUS ne devons à présent rien négliger pour rendre complettes toutes les Plantations des herbes qui doivent servir pendant l'Hyver ; nous devons espérer pendant la plus grande partie de ce mois un tems tolérable ; mais ensuite notre principal soin doit être de défendre des injures de la Saison toutes les Plantes qui sont en danger d'être incommodées par les froids & les grands vents.

C'est dans la premiere semaine de ce mois que je conseille de semer des *Concombres* en pleine terre, pour les transplanter ensuite dans des Pots où elles seront mises à couvert des nuits fraiches jusqu'à ce que la Couche chaude leur soit nécessaire ; cette pratique est certainement beaucoup meilleure pour avancer les *Concombres*, que cel-

le qu’on fuit ordinairement en les fe-
mant en Decembre & Janvier ; car ces
Plantes feront plus fortes , & feront
moins fujettes aux injures de la Saifon,
que celles qui leveront de graine quand
l’air eft froid & la terre couverte de
neige.

À préfent femez quelques *Haricots*
dans des paniers fur des murs à l’expofition du Midi, vous les mettrez enfuite fur des Couches chaudes quand
la Saifon deviendra rude ; avec ces
foins ils donneront du fruit de très-
bonne heure.

Levez les Plantes de *Choux - fleur*
qui commencent à fleurir , liez leurs
feüilles enfemble , & enterrez leurs
racines & montans dans du fable dans
un Cellier ou dans quelques endroits
frais ; les fleurs augmenteront de groffeur,& refteront bonnes pendant deux
ou trois mois.

Laifiez aux *Artichaux* que vous
couperez de longs bâtons pour les
conferver dans la maifon en les mettant dans le fable.

C’eft à préfent la Saifon de tirer de
terre les racines pour la provifion de
l’Hyver , comme les *Carotes* & les

Panais ; quelques Jardiniers confeil-
lent auffi de tirer les *Navets* & de les
mettre dans le fable; mais je crois qu'il
vaut mieux les laiffer en terre jufqu'à
ce qu'on s'en ferve ; quant aux *Carottes* & aux *Panais*, voici ce que je penfe , il faut choifir un endroit fec dans
le Jardin, y ouvrir une tranchée de
6. ou 8. pouces, y mettre ces racines, (fans mêlange de terre ou de
fable) & avoir foin qu'elles fe joignent
bien l'une l'autre, après avoir coupé
tout le verd de leurs têtes, & les avoir
enfuite couvertes de paille fraîche, féche & brifée, on les confervera très-
bonnes à manger jufqu'au mois de
Juin.

C'eft à préfent le meilleur tems de
l'année pour planter les Arbres Fruitiers, quoique les feuilles foient encore fur les Arbres.

Tranfplantez toutes fortes d'Arbres
de Forêt depuis le commencement jufqu'à la fin de ce mois; les Ormes principalement dans la premiere femaine,
& ne vous arrêtez pas à la verdeur
des feuilles ; j'ai vû l'expérience de ce
que je recommande à *Mamhead* en *Devon*, chez M. *Ball*, Gentilhomme très-
curieux.

Au milieu de ce mois femez dans
des planches de terre neuve les Pepins
de *Pommes* qui viennent du preffoir
à Cidre, afin d'élever des fujets pour
greffer, ou même pour faire des Vergers fans greffer. D'une Pepiniere de
cette efpece vous levez autant de différentes fortes de *Pommes* que vous
élevez de Plantes, quoique les graines viennent du même Arbre, tant la
Nature fe plaît à varier fes productions.

Si la terre étoit plus conftante &
plus uniforme dans fes productions,
fon *pouvoir vegetatif* feroit trop tôt
détruit ; car je conçois que fi toutes
les *Pommes* étoient exactement de la
même nature, elles tireroient toutes la
même fubftance de la terre, & s'il en
feroit de même de toutes les autres
familles de Plantes c'eft pourquoi je
fuis porté à penfer qu'il y a autant
de qualités diftinctes dans la terre, qu'il
y a de différentes fortes de Plantes,
& que chaque Plante ne tire de la
terre que les efprits qui lui conviennent, (1) en admettant la génération

____

(1) Je ne fçai dans quelle année a paru la
premiere édition des *Nevv improvemens*, mais

des Plantes, comme j'ai tâché de l'expliquer dans la premiere partie de mes *Nevv. Imp.* (1).

Il est assez facile de rendre raison de la varieté des Plantes ; si on suppose la fécondation d'une Plante par une autre Plante, il suffit que la poussiere des étamines (*Farina fœcundans*) d'une espece soit portée par l'air, & placée sur les parties femelles d'une autre espece en fleur, pour changer les proprietés de la graine, & lui faire produire une plante différente à certains égards de la mere Plante.

A présent mettez les *Glands* & les graines des Arbres de Forêt dans du sable sec.

Vous pouvez encore transplanter des *Choux* & des *Choux-fleur*, & vous devez faire votre derniere plantation

c'est surement avant 1718. puisque *Bridley* y renvoye ici.

(1) Il est important pour les Phisiciens de sçavoir que le sistême imaginé pour expliquer la variété qui se trouve dans les plantes les Fleurs, &c. est connu en Angleterre depuis très-long tems, & qu'il n'est point nouveau ; il seroit très-facile de démontrer la fausseté de ce sistême ; mais il faudroit pour cela entrer dans des discussions qui ne conviennent point à la nature de cet Ouvrage.

des *Laitues* qui font pour paffer l'Hyver.

Toutes les nuits il faut avoir foin
de couvrir les *Concombres* que j'ai confeillé de femer en Juillet , & leur mettre des Cloches lorfque le tems eft
humide ou pluvieux , mais il leur faut
donner de l'air pendant le jour fi la
faifon le permet.

Continuez de couvrir de terre votre *Celeri* pour le faire blanchir.

A la fin de ce mois buttez & accommodez vos *Artichaux* qui ont fini de
porter.

Semez fur une Couche dont la chaleur eft prête à fe paffer , du *Crefon* ,
de la *Laitue* , de la *Moutarde* , des
Raves , des *Epinards* pour les mettre
en Salade.

Si vous n'avez pas encore planté
les *Laitues* prefque pommées qui vous
doivent fervir l'Hyver , plantez-les
dans quelques places bien expofées où
vous puiffiez aifément les défendre du
froid.

Les jours qui font fecs remaffez les
Poires & les *Pommes* qui font en parfaite maturité , prenez garde de les
meurtrir , & mettez - les dans la Frui-

terie fur de la mouffe féche.

Semez des *Radis* dans quelque place chaude pour les tirer au commencement du Printems.

A préfent femez un peu de *Pois Michault*, & quelques *Feves d'Efpagne* dans des Coftieres bien expofées, plûtôt auprès d'une haye épaiffe que d'une muraille.

Prenez des boutures & des rejettons de *Grofeillers* ordinaires, de *Framboifiers* & de *Grofeilliers* à gros fruit.

Plantez auffi des *Pommiers* greffés fur *Paradis*, & mettez-les en Pots, ils porteront du fruit, quoique les Arbres foient très-petits, & feront un ornement & un divertiffement lorfqu'on les fervira tous chargés de fruits fur la Table.

Mettez quelques pieds de *Beaume* fur une Couche chaude.

Produit du Jardin Potager pendant le mois d'Octobre.

EN ce mois nous avons encore un peu de *Choux-fleur*, d'*Artichaux*, de *Pois* & de *Feves*.

Les *Haricots* femés en Juillet produiront

duiront à préfent un bonne récolte
fi on les défend des nuits fraîches.

On peut encore avoir quelques *Concombres* & quelques *Melons*.

Les Racines pour cuire font les *Navets*, les *Carottes*, les *Panais*, les *Truffes blanches*, les *Cheruis*, les *Scorfonaires*, les *Bettes-raves*, les *Oignons*,
l'*Ail*, la *Rocambole* & l'*Echalotte*.

Les herbes pour la Salade font le
Creffon, le *Cerfeüil*, la *Moutarde*, les
Raves, les *Epinards*, la petite *Laitue*,
plufieurs fortes de *Laitues pommées*,
la *Primprenelle*, l'*Eftragon*, des jeunes
Oignons, avec du *Celeri* blanchi & de
la *Chicorée*.

Nous avons des *Cardons*.

Les herbes pour la Cuifine font, le
Perfil, les *Bettes*, & toutes les herbes
Aromatiques.

Les Fruits mûrs en ce mois font ;
les *Pefches* & les *Prunes* tardives ; les
Raifins, les *Figues* & les *Mûres* ; quelques *Noifettes*, des *Noix*, & une grande varieté de *Poires* & de *Pommes* ;
vous avez abondance de *Champignons*.

G

OUVRAGES

*A faire dans le Potager pendant le mois
de Novembre.*

NOVEMBRE.

CE mois eſt ſujet à des vents violens, à des nuits froides, à de
grandes pluyes qui ſe ſuccedent les
unes aux autres, & qui ſont très-in-
commodes aux Jardins & aux Plantations. Ce n'eſt pas aſſez de défendre
les jeunes Plantes contre les froids
perçans, ou les pluyes froides qui
tombent dans cette Saiſon, il faut auſſi
avoir ſoin d'aſſûrer, avec de fortes
perches, les Arbres Fruitiers & les
Arbres de Forêt nouvellement plantés,
autrement ils ſeroient renverſés par
les vents violens qui viennent à préſent de l'Oueſt ; car rien ne me paroît
contribuer davantage à détruire un
jeune Arbre, que de le laiſſer ſans
défenſe à la merci des vents ; les jeunes fibres des Racines formées depuis
peu ſont rompues, & toutes les par-

ties par lesquelles la féve paſſe pour monter à la tête de l'Arbre, ſont déchirées ou meurtries ; de cette maniere le paſſage de la féve n'étant pas libre, la tête n'a pas la moitié de ſa nourriture, & tout l'Arbre languit.

A préſent faites des tranchées & laiſſez la terre en monceau des deux côtés, pour qu'elle meuriſſe.

Semez des *Féves d'Eſpagne* & quelques *Pois Michault* dans un lieu bien expoſé au Midi.

Préparez à préſent une bonne Couche chaude pour les *Concombres* & les *Haricots* ſemés en Octobre ; mais ne les plantez pas enſemble, parce que la chaleur néceſſaire pour les *Concombres* détruiroient les *Haricots*.

A préſent faites des Couches pour les *Aſperges*, afin d'en avoir en Décembre ; ſi vous n'avez pas de Pattes dans votre Pepiniere, vous pouvez en prendre dans quelque vieille Plantation qui ſoit hors de valeur. Mettez les Racines très-près les unes des autres, ſans qu'elles ſoient cependant l'u e ſur l'autre. Ayez ſoin ſurtout que les Racines ne touchent pas au ſum er, & qu'il y ait deux pouces de terre entre le fumier & les Racines. Couvrez les Racines de l'épaisseur de quatre pouces de terre. *Voyez New. Imp. part. 3.*

C'eſt à préſent un bon tems pour coucher des branches de Vigne, particulierement celles que vous voulez ſervir en fruit, l'année ſuivante, dans un Pot ſur la Table, (ce qui eſt fort amuſant.(Il faut pour cela que les ſermens ſoient du bois de la même année, & qu'on les faſſe paſſer par le trou du Pot, que l'on remplira enſuite de terre ; on doit laiſſer un nombre raiſonnable d'yeux hors de la terre. Une forte branche peut rapporter huit ou neuf grapes, & ſuivant que la branche eſt plus foible, 4. ou 5. grapes.

A préſent taillez vos Vignes ſur les treillages & dans les Vignobles. Renouvellez le plan où il eſt néceſſaire, votre Vigne rapportera abondamment & meurira bien, ſans le ſecours d'une muraille (1), ſi vous choiſiſſez le

____

(1) En Angleterre pour faire meurir le *Raiſin*, on plante ordinairement la Vigne contre des murailles inclinées a l'horiſon, afin d'augmenter par-la l'action des rayons du Soleil. M. *Fatio de Duillier* a donné ſur cette matiere un excellent Ouvrage, intitulé : *Fruit-vvalls im-*

Raisin (1) *de Corinthe noir,* (2) le *Muscat blanc de Bourgogne* , (3) le *Morillon hatif* , (4) le *Raisin precoce de M. Fairchild* , particulierement si ces Vignes font cultivées avec foin & intelligence , comme dans le Jardin de M. *Rigault,* qui ne manque jamais d'avoir abondance de Raisin , fur des Vignes plantées en treillages découverts.

, Continuez de planter des Arbres fi le tems eft beau. Plantez des boutures de *Groseillers ordinaires* , de *Groseillers à gros fruits* , & de *Vignes.*

Plantez du *Beaume* fur une Couche modérement chaude.

Semez de la *Laitue* , du *Cresson* , de la *Moutarde* , des *Raves* , des *Epinards* fur une Couche pour avoir de petites Salades.

Mettez de la terre aux pieds de vos

proved by inclining them to the Horizon. London 1699. 4. fig.

   (1) *Black currant grape. Vitis Corinthiaca five Apyrena.* J. B. 1. 72.

   (2) *VVhite Muscadine Burgundy. Vitis alba dulcis.* J. B. 2. 73

   (3) The *July. Vitis præcox Columella.* H. R. par.

   (4) *M. Fairchild' s-Svveet-VVater. Vitis præcox acino rotundo albido dulci.* Miller Diction.

Celeris, & liez vos *Chicorées* pour blanchir.

C'eft à préfent le meilleur temps pour couper les montans de vos *Afperges* ; s'ils font jaunes coupez-les à un ou deux pouces de terre , & jettez de la terre des allées fur vos *Afperges* ; fi elles vous paroiffent malades couvrez-les d'une terre riche , c'eft-à-dire , où il y ait beaucoup d'Engrais.

Continuez de faire des tranchées dans votre Jardin , & fi le tems eft froid conduifez vos fumiers & autres engrais aux places qui manquent de ce fecours , parce qu'à préfent les allées ne feront pas gâtées par les roues des charettes & des broüettes.

Semez en pleine terre des *Pois Michault* , des *Féves* ordinaires , & des *Féves* d'*Efpagne* ; fi le tems eft bon buttez vos *Pois* & vos *Féves* femées en Septembre.

Produit du Potager pendant le mois de Novembre.

NOUS avons pendant ce mois des *Choux-fleur* dans la Serre , & quelques *Artichaux*.

Les racines dont on se sert pendant ce mois sont, les *Carotes*, les *Panais*, les *Navets*, les *Bettes*, les *Bettes-raves*, les *Cheruis*, les *Scorsonaires*, le *Cran*, les *Truffes blanches*, les *Oignons*, l'*Ail*, les *Echalotes* & la *Rocambole*.

Les herbes pour le pot sont, le *Celeri*, le *Persil*, l'*Oseille*, le *Thin*, l'*Hisope*, les *Feüilles de Bettes* & de la *Toute-bonne*; vous avez du *Beaume*, de la *Marjolaine douce* & des *Fleurs de Souci* séchées dans la maison.

Les herbes pour les Salades cuites sont les *Choux* & les montans de *Choux*, & quelque peu de *Choux de Savoye*, & des *Epinards*.

Vous avez des *Concombres* sur les Plantes qui ont été semées en Juillet, si vous les avez bien défendues du froid & des pluyes.

Les Salades de ce mois sont les petites herbes de la Couche chaude, avec de la *Pimprenelle*, des *Laitues pommées*, du *Celeri*, de la *Chicorée blanche* & de jeunes *Oignons*.

Vous avez encore quelques *Pesches*, du *Raisin* & des *Figues*, avec abondance de *Poires*, de *Pommes*, quelques

G iiij

(1) *Prunelles*, des *Noix*, des *Noisettes*, des *Marons*, des *Nefles*, des *Sorbes*, des *Arbouses*.

(1) *Bullace. Prunus Syvestris major. J. B. ž. 193.*

OUVRAGES

A faire au Potager pendant le mois de Decembre.

DECEMBRE.

CE mois est communément appellé le *Mois noir*, il est sujet à toutes sortes de tems durs, froids & dangereux aux Plantes délicates. Tous les végétaux de notre climat paroissent à présent endormis; les jours sont courts, & le peu de chaleur que nous avons du Soleil, fait que chaque Curieux, amateur du Jardinage, souhaite le Printems. C'est à présent le tems qu'un Jardinier habile fait voir son adresse & son esprit, en aidant par artifice la Nature, & lui faisant produire des fruits & des herbes qu'elle n'est pas capable

de porter fans un fecours extraordinaire.

Garantiffez-vous de la violence du
froid qui communément commence à
regner dans ce mois.

Pendant le mauvais tems, & particulierement pendant les longues foirées, un Jardinier doit préparer tous
les outils néceffaires pour fon Jardin,
& faire des paillaffons, & toutes les
autres chofes convenables pour défendre fes Plantes délicates ; il doit vifiter
la Fruiterie & ôter tous les Fruits qui
font tant foit peu gâtés, parce qu'ils
font gâter le refte.

Examinez les Verges, ôtez les
branches qui font de la confufion dans
l'Arbre, & couvrez les bleffures con-
fidérables avec les mêlanges fuivans.

Prenez de la Cire Vierge, de la
Raifine & du Godron, égale quantité,
aufquels vous ajoûterez de la Chandelle, la moitié de ce que vous aurez
mis d'une des autres ; mêlez le tout
dans un Pot de terre bien verni, &
immédiatement après que vous aurez coupé une branche, couvrez-en la
bleffure avec une broffe de Peintre,
trempée dans ce mêlange ; cela em-

pêchera l'humidité & le froid de pénétrer dans les corps de la Plante, & l'empêchera de périr.

Mettez des trapes pour attraper les Mulots & les Souris ; ils détruisent à présent beaucoup de Plantes & de Racines.

Dans un beau tems, vous pouvez semer des *Pois* & des *Féves* de mêmes especes & de la même maniere que j'ai conseillé dans le mois précédent.

Vous examinerez à présent avec attention vos Couches chaudes, vous augmenterez leur chaleur si elle commence à diminuer, en les bordant de fumier chaud ; mais vous vous ressouviendrez toujours que ces Couches sont plûtôt faites pour défendre les Plantes du froid, que pour les faire croître vîte si vous avez eu soin de semer en Octobre des *Concombres* & des *Haricots*, vous aurez le plaisir de les voir à présent beaucoup plus en état de résister aux froids que ceux qui ont été semés au commencement de ce mois, comme plusieurs Jardiniers ont coûtume de faire.

Au milieu de ce mois faites une

Couche pour les *Asperges*, & ordonnez-les de la même maniere que celles de Novembre.

Semez sur une Couche chaude des *Laitues*, des *Raves*, du *Cresson*, de la *Moutarde*, & d'autres herbes chaudes, pour en faire de petites Salades.

Pendant la gelée portez au Jardin tous les engrais nécessaires pour enrichir la terre.

Produit du Potager en Decembre.

Vous avez à présent pour mettre au Pot plusieurs sortes de *Choux* & leurs *montans*, & des *Epinards*.

Dans la Serre vous avez des *Choux-fleur* & des *Artichaux* conservés dans le sable.

Les Racines pour ce mois sont les mêmes que celles du mois passé.

Les Salades sont les petites herbes de la Couche chaude avec du *Beaume*, de l'*Estragon*, de la *Pimprenelle*, des *Laitues pommées* conservées sous des Cloches ; il y a aussi en pleine terre du *Cresson* & du *Cerfeüil*, dont l'odeur est forte & fait bien du plaisir dans les Salades de cette Saison, du *Celeri* & de la *Chicorée blanche*.

Les herbes pour la soupe & pour l'ufage de la Cuifine font , la *Sauge* , le *Thin* , l'*Hifope*, les feüilles de *Betes*, les montans des jeunes *Pois*, le *Perfil*, l'*Ofeille* , les *Epinards* , le *Cerfeüil* , le *Celeri* , les *Poireaux* , la *Marjolaine* & les fleurs de *Soucis* féches & le *Beaume* fec , parce que le *Beaume* verd dans cette Saifon eft rare , & n'eft pas auffi bon pour les faulces que pour les Salades.

Vous avez des *Afperges* fur les Couches chaudes , & fi vous avez été attentif, vous avez encore quelques *Concombres* fur les Plantes femées en Juillet & Août.

Vous avez abondance de *Poires* & de *Pommes.*

CALENDRIER

DES

JARDINIERS.

SECONDE PARTIE.

Conseils pour ordonner tous les mois une Serre & un Jardin à Fleurs.

JANVIER.

SI le tems est très-froid dans ce mois, répandez de la paille brûlée sur vos Plantes d'*Anemone* & de *Renoncule*, & lorsque vos Planches seront couvertes de neiges, laissez-la dessus jusqu'à ce qu'elle commence à fondre ; mais d'abord qu'elle fondra il faut l'ôter avec la plus grande promptitude, parce que l'eau de la neige produit de très-mauvais effets sur les Bulbes & les Racines de cette espece ; car si elles pénétre la terre & qu'une nuit fraîche succéde au dégel , l'humidité qui eſt auprès de la ſurface de la terre, ſe change en une petite glace fine , qui coupe ou bleſſe les feüilles & les tiges de ces Fleurs , & les rend malades ou les fait périr.

Si le tems eſt doux & ſerain , plantez des Griffes d'*Anemone* & des pattes de *Renoncule* dans de la terre bien remuée & bien préparée avec la bêche ; ſi elle eſt paſſée , elle n'en ſera que mieux. Remarquez que la terre ne peut être trop legere pour ces Fleurs , particulierement pour les *Renoncules*, & ayez ſoin que la terre ſoit neuve & ſans fumier , parce que le fumier nourrit la vermine & détruit les Racines de cette eſpece.

Au milieu de ce mois , ôtez toutes les feüilles jaunes de vos *oreilles d'Ours*, & ôtez de chaque Pot le plus de terre qu'il vous ſera poſſible ſans déranger les Racines , pour remettre à la place de la terre nouvelle mêlée avec du ſable, & un tiers de bois de Saule pourri.

Ayez ſoin en rempliſſant les Pots de cette terre , de la preſſer un peu autour des Racines , & de l'élever juſqu'aux feüilles ; mais n'en enterrez aucune parce que cela les feroit périr.

Remarquez auſſi qu'il faut faire le mêlange de toutes les terres compoſées , avÀnt que de s'en ſervir.

Défendez-vous bien contre les Souris , parce qu'elles détruiſent pendant ce mois toutes les Plantes bulbeuſes où elles peuvent aller , & particulierement les *Crocus*.

Dans la Serre , ôtez toutes les feuilles jaunes & blanches des Plantes , parce qu'elles infeǔtent tout ce qu'elles touchent.

Ne donnez point d'eau aux Plantes qui ſe ſoutiennent ſans en avoir beſoin ; & dans les plus grands froids , appliquez-vous plûtôt à empêcher l'action du froid dans la Serre , qu'à faire pouſſer les plantes en forçant la chaleur, parce que les pouſſes faites dans cette Saiſon ſont foibles , & affoibliſſent la Plante. Dans un tems de brouillards faites une ou deux fois un peu de feu avec du charbon de bois. (1) ſuivant la grandeur de la Serre , & laiſſez

(1) En Angleterre ordinairement dans les poëles des Serres , de même que dans les maiſons , on ne ſe ſert que de charbon de terre.

entrer un peu d'air ſi le vent n'eſt pas trop froid ; ce feu ôtera la vapeur qui vient après les brouillards , & en détruiſant cette vapeur empoiſonnée , tiendra les plantes ſéches & les empêchera de moiſir.

Tranſplantez (1) l'*Aconit* d'Hyver en Fleur , & partagez ſes Racines car ; quand les Fleurs de cette Plante ſont tombées , il eſt très-difficile de trouver ſa Racine.

Fleurs qui fleuriſſent dans la Serre & dans le Jardin à Fleur en Janvier.

DIFFERENTES eſpeces de *Ficoides* ſont à préſent en fleur ; pluſieurs ſortes d'*Aloës* commencent à être en boutons. Le *Jaſmin jaune des Indes* & le *Jaſmin blanc d'Eſpagne* ont encore quelques fleurs ; certains *Orangers* malades fleuriſſent dans ce tems , le *Thalſpi Vivace* eſt encore en fleur , & quelque eſpece de *Geranium*.

Dans le Jardin à Fleurs vous avez en fleur l'*Aconit d'Hyver* , la *Giroflée*

____

(1) *Helleborus Niger tuberoſus Ranunculi folio floreluteo.* Iuſt. 271.

de

de muraille, l'*Ellebore* (1)*noir ordinaire*, & l'*Ellebore noir à fleur verte*, des *Perceneiges* doubles & fimples, *la Hyacinhe d'Hyver*, & quelques *Giroflées* dans les endroits où elles font bien abritées, des *Anemones* fimples, la petite *Gentiane*, le *Cyclamen d'Hyver*, des *Primes verres*, le *Laurier Tin*, le *Mezereon blanc* (2) & le *rouge*, (3) & l'*Arboufier*; le *Houx* & le *Buiffon ardent* font à préfent décorés de leur beau fruit rouge, de même que l'*Amomum de Pline*.

Le *Neflier* (4) *de Glaftenbury* produit des Fleurs, fi les froids ne l'empêchent pas, & comme cette Plante fleurit ordinairement en Décembre, cela donne lieu à quelques perfonnes fupefti-

(1) On l'appelle en Angleterre *the Chriftmas flovver*, la fleur de Noël.

(2) Cette premiere efpece fe nomme en François le *Garou*, fa fleur eft verdâtre & n'eft point blanche, *Thymelaa Lauri folio femper virens feu Laureola Maf.* Inft. 595.

(3) Le Bois Gentil, *Thimelaa Lauri folio deciduo fivè Laureola fœmina*, Inft. 595.

(4) *Mefpilus feu fpina acuta biflora Britannica.* Park. Theatr. 1025. Cet Arbre n'eft encore point connu en France, on le cultive dans les Jardins d'Angleterre comme une Plante extraordinairement curieufe.

H

tieuses , de croire qu'elle ne fleurit que le jour de Noël ; on conte même que *Joseph d'Arimathie* étant venu en Angleterre apporta avec lui un bâton de ce bois , qu'il planta le jour de Noël dans un champ à *Gloſtenbury* , où il prit immédiatement racine , porta des feüilles & des fruits , & a continué de le faire ; on peut multiplier cet Arbriſſeau en le greffant ſur l'épine blanche en Mars.

Ceux qui ont envie de faire des Jardins de Fleurs pour les différens mois de l'année, peuvent les compoſer avec le Catalogue de ces Fleurs , qui fleuriſſent dans les différentes Saiſons, obſervant ſeulement que celles qui ſont dans leur perfection en Hyver , doivent profiter du Soleil le plus qu'il eſt poſſible , & même avoir l'expoſition du Midi.

OUVRAGES

*A faire dans la Serre & dans le Jardin
à Fleurs en Fevrier.*

FEVRIER.

CONTINUEZ les Ouvrages du mois paffé fi la Saifon n'a pas été affez favorable pour les finir.

La premiere femaine de ce mois femez des graines d'*Oreilles d'Ours* dans des Caiffes remplies de terre legere, telle que la terre de bois ou de feuilles pourries ; mais particulierement de terre tirée du corps des vieux Saules, fi vous en pouvez trouver ; quand la terre eft affermie & mife au niveau, femez les graines deffus, enfuite preffez toute la Caiffe avec une petite piece de bois uni, mettez les Caiffes à l'ombre, & donnez-leur de fréquens arrofemens jufqu'à ce que la graine leve. *Voyez les New. Improvem. Part.* 2.

Remarquez qu'il ne faut pas vous fervir de terre de Saule toute feule, mais qu'il faut la mêler avec du sable & un peu d'autre terre.

Semez aussi des graines de *Prime-verre* fort épais & dans quelques Costieres au Nord.

Il faut toujours planter dans un endroit à l'ombre, des pattes d'*Anemone* & de *Renoncule*, pour les avoir en fleur plus tard.

Mêlez de la graine d'*Anemone* avec du sable sec, & semez-la dans une terre bien préparée, & vous la couvrirez de l'épaisseur de deux écus de terreau bien passé.

Au milieu de ce mois mettez de la terre nouvelle à vos *Oeillets* qui ont été plantés dans l'Automne; ces Fleurs seront plus fortes que celles qui seront plantées en Mars.

Ramassez & faites sécher de la *Mousse* pour l'usage des mois suivans.

Si le tems est beau, transplantez toutes les especes d'Arbustes à Fleur qui viennent dans notre climat en plein air, comme le *Syringa*, le *Lilas*, la *Rose de Gueldres*, le *Citise*, le *Rosier*, le *Chevrefeuille*, l'*Althea*, le *Spirea*, le *Iasmin*, &c.

Partagez & transplantez les *Pivoines*

à la fin de ce mois femez les *pieds d'A-loüette*, les *Mauves-rofes*, les *Campanules*, les *Primes-verres*, les *Oeillets* de *Poëte*, la *Qarantaine*, le *Thlafpi*, les *petits Oeillets*, & le *Lichnis rouge*, particulierement fi le terrain eft leger; mais s'il eft fort & humide, vous pouvez attendre jufqu'au 10. du mois de Mars.

C'eft à préfent la bonne Saifon pour rencaiffer ou renpotter les *Mirtes*, il faut couper toutes les racines qui font autour des Caifes, & s'il en eft befoin, tondre leur tête près.

A la fin du mois, accommodez vos *Orangers*, donnez-leur de la terre nouvelle, & ayez foin de couvrir avec de la circ toutes les bleffures que vous leur ferez. *Voyez New. Imp. Part. 3.*

Remuez la furface de la terre de vos Pots qui font dans la Serre chaude; mais ne foyez pas trop preffé de donner de l'air à vos Plantes tendres, parce qu'elles ne pourroient pas encore le fupporter.

C'eft à préfent le tems où plufieurs des Plantes *Exotiques* périffent par l'indifcretion de quelques Jardiniers, qui font tentés d'ouvrir les fenêtres

des Serres chaudes quand le Soleil paroît être un peu favorable aux Plantes.

Vous pouvez à préfent faire des
boutures de *Jafmin*, de *Rofiers*, de
Chevrefeuille, de *Filaria*, de *Laurier
Thin*, & d'autres Arbuftes.

Semez des graines de *Citife*, & les
noyaux de *Houx* & d'*If*.

Semez fur des Couches chaudes les
graines des Plantes Exotiques des
climats chauds, particulierement les
Plantes annuelles qui ont befoin de
plufieurs mois & d'une grande chaleur pour parvenir à leur perfection.

A préfent taillez vos *Jafmins d'Efpagne* à quatre pouces de la tête, &
renouvellez leur terre en même tems,
faites des boutures de *Jafmin jaune
des Indes* & du *Jafmin blanc de Por-
tugal*, des *Grenadiers* & du *Citife*,
& n'enterrez que les branches les plus
tendres, parce que les branches dont
le bois eft dur, ne prennent jamais
racine.

Semez des pepins d'*Orange* & de
Citron dans des Pots auffi-tôt qu'ils feront forti du fruit, & mettez les Pots

dans une Couche chaude.

Plantez du *Muguet* dans quelques Costieres au Nord.

Fleurs qui fleurissent en Fevrier dans la Serre & dans le Jardin à Fleurs.

IL fleurit à présent dans le Jardin plusieurs sortes d'*Ellebore*, l'*Aconit d'Hyver*, la *Perceneige à Fleurs doubles*, le *Crocus jaune* & le *pourpre*, quelques *Hyacintes*, des *Anemones simples*, l'*Iris de Perse*, des *Hepatiques simples*, des *Narcises simples*, la *Giroflée jaune des murailles*, quelques *Marguerites doubles*, des *Giroflées doubles* & le *Ciclamen du Printems*.

Dans la Serre vous avez le *Thlaspi Vivace*, quelques *Ficoides*, des *Geranium*, des *Aloes* & le *Jasmin jaune des Indes*

Il y a des *Oranges* qui donnent des Fleurs dans cette Saison, quand ils ne se portent pas bien.

Dans les Serres forcées de M. *Millet* fameux Pepinieriste à *North-en* près *Fulham*, il y a des *Roses* & des *Jonquilles doubles* en fleurs.

Les especes de *Mezereon* & le *Laurier Thin* sont encore en fleur.

OUVRAGES

*A faire dans la Serre & dans le Jardin
à Fleurs en Mars.*

MARS.

C'EST à présent la meilleure Saison pour semer des *Pavots* des *Miroirs* (1) *de Venus*, & d'autres Plantes annuelles délicates que vous n'auriez pas osé risquer en terre dans les mois précédens, vous pourrez aussi partager toutes les Plantes fibreuses qui ne sont pas en fleur, comme la petite *Gentiane*, la *Julienne double blanche*, la *Cardinale*, la *Giroflée jaune double*, la *Croix de Jerusalem*, le *Compagnon*, les *Soleils Vivaces*, la *Rose Tremiere*, toutes les especes d'*Aster*, l'*Aconit* (2) *à la fleur bleue*, les *Oeillets du Poëte* & la *Staticée*.

Semez des graines de *Giroflée*.

Arrachez & partagez vos *Buis* pour

(1) *Campanula Aruensis erecta.* H. L. Bat.
(2) *Aconitum cæruleum sivè Napullus* 1. C.
B. pag. 183 *Monk's hood.*

faire

faire des bordures ou des figures ; mais n'en tirez pas plus que vous n'en pouvez planter dans un jour.

Défendez vos *Tulipes* des mauvais tems qui leur nuisent beaucoup dans ce mois ; étendez de la paille sur vos planches choisies, & couvrez-les de paillassons lorsque le tems est très-mauvais ; il y a des Curieux qui ont des couvertures de toile qu'ils peuvent mettre ou ôter suivant qu'ils le jugent à propos, & dont ils se servent pour couvrir leur fleurs dans le tems de la fleuraison, aussi bien que pour les défendre contre la grêle & le froid.

A présent accommodez & réparez vos théatres pour y placer vos *Oreilles d'Ours*, parce qu'à la fin de ce mois elles doivent être mises en ordre ; que ce théatre soit à l'Est, que de tout autre côté il soit défendu du Soleil, & que le haut soit couvert de paillasson ou de toile, pour garantir les *Oreilles d'Ours* de la pluye, parce que la moindre pluye ôte la beauté de ces Fleurs ; garantissez-les du vent du Couchant.

Au commencement de ce mois transplantez les marcotes *d'Oeillets* qui doivent fleurir , fi elles n'ont pas été plantées dans l'Automne , qui eſt le meilleur tems pour cet ouvrage; compoſez la terre pour ces Fleurs , en incorporant de la terre ſabloneuſe avec un tiers de terreau qui aura ſervi aux *Melons* , ou un tiers de bois pourri ; ce mêlange doit avoir au moins deux ans avant que vous vous en ſerviez.

Semez ſur la couche Chaude les graines des Plantes Exotiques , qui ſont les moins tendres,& qui viennent plutôt dans leur perfection que celles qui ont été ſemées dans les mois paſſés, comme la *Capucine* , le *Souci de France & d'Afrique* , la *Balſamine* , le *Convolvulus* , (particulierement le petit *Convolvulus bleu*) , l'*Oeillet* de la *Chine* ou des *Indes* , & les autres Plantes qui ſeroient trop grandes pour la Couche chaude, ſi elles avoient été ſemées dans le mois paſſé. Juſqu'au milieu de Mai vous ne pouvez riſquer aucune de ces Plantes en pleine terre , ainſi ſi elles étoient ſemées de bonne heure , elles toucheroient les Cloches long-tems , avant que vous pûſſiez leur donner aſſez de liberté.

Si vous n'avez pas aſſez d'étendue

fur votre Couche chaude ; vous pouvez différer jufqu'au mois fuivant , de femer le *Souci d'Afrique* & de *France* , la *Capucine* & la *Belle de nuit* , car elles viendront très-bien en pleine terre , étant femées contre quelque muraille au Midi.

Ne tardez pas plus long-tems de femer les graines de *Senfitive* fur la Couche chaude : cette Plante eft bien curieufe ; mais elle doit toûjours être confervée fous des Cloches.

Semez à préfent en pleine terre le *Concombre fauvage* & le *Noli me Tangere* ; ces Plantes divertiffent quand leur fruit eft mûr.

Donnez de nouvelle terre à vos Pots de *Piramidales* , & enfoncez-les dans un endroit où le Soleil donne ; de cette maniere les *Piramidales* s'éleveront beaucoup (car la principale beauté de cette Plante confifte dans fa hauteur) ; femez auffi leur graine & partagez leurs racines fi vous les voulez multiplier.

Plantez en Pots des *Tubereufes* , & ne leur donnez , jufqu'à ce qu'elles pouffent , qu'une chaleur douce , & point d'eau.

Tranfplantez à préfent l'*Arbre de*

Judée, & femez fes graines.

Greffez le *Jafmin blanc d'Efpagne* fur le *Jafmin commun*.

Plantez des boutures & des rejettons de la *Fleur de la paffion*, ou *Grenadille* dans les endroits humides pour lui faire porter du fruit.

Mettez vos Plantes Exotiques fur la Couche chaude fi elles ont fouffert dans la Serre ; mais prenez un foin particulier qu'elles foient bien défendues de la vapeur du fumier par une bonne épaiffeur de terre mife fur la Couche.

Tranfplantez à prefent vos *Amomum de Pline* (1), taillez leur racine, accourciffez leur branche, & mettez-les fur le devant de la Serre, parce qu'ils font ruftiques, & qu'ils foutiennent à préfent l'air ; remarquez que ces Plantes aiment beaucoup l'eau, & que fi elles font bien conduites, elles porteront du fruit en abondance.

Prenez un foin particulier que vos *Orangers* & vos *Citroniers* ne manquent pas d'eau, donnez-leur-en, peu à la fois & fouvent, accoûtumez-les par

(1) On appelle auffi en Angleterre cet Arbriffeau *Cerifier d'Hiver* Winter Cherry.

degré à l'air, & vous conserverez leur jeune fruit, qui est fort sujet à tomber dans cette Saison, lorsque les Arbres sont trop arrosés, & qu'on les expose à l'air trop subitement.

A la fin de ce mois vous pouvez transplanter les *Houx*, les *Ifs*, les *Philaria*, & les autres Arbres toujours verds, & semer les graines du *Troesne* (1) qui est toujours verd; n'oubliez pas d'arroser vos Caises de graines d'*Oreilles d'Ours*. Dans un jour chaud commencez à donner un peu d'eau à vos *Ficoides*.

Fleurs qui fleurissent à présent dans la Serre & dans le Jardin à Fleur.

V o u s avez à présent des *Anemones* doubles & simples, des *Jacinthes*, des *Jonquilles*, plusieurs especes de *Narcisses*, particulierement le *Narcisse de Constantinople*, quelques *Tulipes précoces*, les derniers *Crocus*, toutes les especes de *Prime vere à* (2) *Ombelle*,

(1) *Ligustrum foliis majoribus & magis acuminatis toto anno folia retinens* Pluk. Alm. Evergreen Privet.

(2) *Polianthes* ou à Bouquets ramassés en maniere d'*Ombelle*.

des *Violettes*, des *Marguerites*, des *Gi-roflées jaunes*, des *Iris* de plusieurs sor-tes, des *Epatiques* doubles, des *Cou-ronnes Impériales*, des *Dents de Chien*, le *Muscari*, & quelques especes de *Fritillaire*, (Fleur à présent très-estimée en Hollande à cause de sa grande va-rieté) & à la fin du mois vous avez quelque peu d'*Oreilles* (1) d'*Ours*.

Les Arbres en fleur sont l'*Aman-dier*, l'*Abricotier*, le *Pêcher*, l'*Arbre de Judée*, le *Laurier-Tin*, & quelques *Orangers ;* vous avez aussi quelques Fleurs sur le *Jasmin jaune des Indes ;* il y a encore des *Ficoides* & des *Aloës* en fleur.

(1) En Angleterre, en Hollande, en Flandre & en Picardie même, les Curieux nomment cet-te Plante *Auricule,* de son nom latin *Auricula Ursi.*

OUVRAGES

*A faire dans la Serre & dans le Jardin
à Fleur en Avril.*

AVRIL.

VOus commencerez ce mois par femer en pleine terre les graines des Plantes Exotiques les moins tendres que vous aurez différé de femer dans le mois précédent : plufieurs graines du *Cap de bonne Efpérance* & de *Virginie* femées dans cette Saifon en pleine terre & le long d'une Coftiere bien expofée, leveront très-bien.

Vous pouvez à préfent femer j(1) les *Haricots à fleur écarlatte*, des *Scabieufes*, des *Ancolies*, le *Gnaphalium*, des *Soucis* & des *Bluets*.

Vous pouvez femer à préfent des graines de *Pin* & de *Sapin* ; mais il faut les couvrir avec un filet pour les défendre des Oifeaux qui font fort friands de

______

(1) *Phafeolus Indicus flore coccineo feu puniceo.* Mor. Hift. Oxon. part. 2. 69. *the Scarlet Bean.*

I iiij

ces graines mêmes après qu'elles sont levées.

Vous pouvez encore séparer toutes vos plantes fibreuses & les planter.

C'est à présent le meilleur tems du Printems pour transplanter les Arbres toujours verts, il faut mettre les grands *Houx* dans des paniers pour les transporter plus sûrement ; car les *Houx* n'ont que peu de racines, & sans ce secours, ils ne peuvent pas conserver leur terre. Plantez les paniers avec les pieds. Pour les *Ifs*, cette précaution n'est point nécessaire, si la Pepiniere où ils sont, a été bien fumée; car leurs racines feront garnies de petits fibres, & conserveront la terre.

Faites de nouvelles Couches chaudes pour avancer vos jeunes semences d'*Oranger*, de *Citronier* & d'autres Plantes Exotiques, qui sont à présent levées & en état d'être retirées de la premiere Couche chaude.

Commencez à enpoter vos *Amarantes Tricolors*, & vos *Balsamines*, & mettez-les sur une nouvelle Couche pour les faire venir hautes.

Au commencement de ce mois, votre graine d'*Oreilles d'Ours* commencera à paroître fur terre, fi elle a été ar-rofée foigneufement. Ayez attention à ne la pas laiffer manquer d'eau dans ce tems, parce que les jeunes Plantes fondroient bientôt.

Tenez vos caiffes à l'ombre jufqu'au mois d'Août, que vous les replanterez.

Commencez à arrofer les *Aloes*, le *Sedum*, les *Euphorbes*, & les autres Plantes graffes, quand le Soleil eft chaud; & ne leur donnez que peu d'eau à la fois. Commencez à accoûtumer peu-à-peu à l'air ces Plantes tendres.

Les fenêtres de votre Orangerie fe-ront ouvertes depuis le matin jufqu'à la nuit, fi les vents ne font pas trop violens.

Mettez des bâtons à vos *Oeillets*.

(1) Après la pluye taillez vos pa-liffades de *Buis*, roulez vos Boulin-grins & vos allées de gravier. Vifi-

____

(1) En *France* on ne connoît point l'agre-ment & la propreté d'un Jardin dont les Boulin-grins foient d'un Gazon auffi vert & auffi uni que celui d'*Angleterre*, & fur lequel le Jardinier faffe tous les jours paffer un rouleau d'un poids confidérable, & on ne fent point la variété & le plaifir que font des allées, dont les unes font couvertes de gravier, les autres de coquillages, d'autres de fable, &c. il n'y a qu'en *Angleterre*

tez-les, & les renouvellez s'il en eſt beſoin. Renovuellez auſſi vos allées de Coquillages & vos allées de ſable ſi vous le croyez néceſſaire.

Coupez l'herbe de vos Gazons, & coupez-la ſouvent, parce qu'à préſent elle vient vîte.

Mettez des bâtons à toutes les plantes & Fleurs qui ſont venues à une hauteur conſidérable, parce que les vents ſont à préſent très - dangereux.

Détruiſez les mauvaiſes herbes avant que leur graîne ſoit mûre.

Les *Oreilles d'Ours* qui ſont à préſent en pleine fleur, doivent être arroſées modérement une fois en trois jours. Les Fleurs en auront de plus belles couleurs, & la graine en viendra mieux ; défendez-les ſurtout du Soleil & de la pluye.

où les Jardins ſoient auſſi propres, & où les Jardiniers ayent autant d'intelligence ; mais en France, ſi les Seigneurs trouvent une fois du plaiſir à faire décorer leurs Jardins, ces Jardins ne le cederont en rien aux Anglois.

Fleurs qui fleuriſſent dans la Serre &
dans le Jardin à Fleur pendant le
mois d'Avril.

CE mois nous fournit une grande
abondance de *Renoncules* & d'*Anemo-*
nes doubles , & à la fin on a quelques
Tulipes.

Les *Marguerites* continuent de fleurir
de même que les *Hepatiques doubles* , &
les *Primes - verres* de diverſes eſpeces.
Vous avez un grand nombre de *Nar-*
ciſſes. La *Jonquille à fleur double* commence à préſent. Les *Couronnes Impe-*
riales ne font pas encore paſſées. Vous
avez pluſieurs fortes d'*Iris* & de *Fritil-*
laire & quelques *Jacinthes* ; à la fin du
mois il y a quelquelques *Giroflées* , des
Pivoines ſimples , & pluſieurs eſpeces
de *Pain de Pourceau.* Il reſte encore des
Violettes doubles ; mais la Fleur qui l'em-
porte ſur toutes les autres eſt à préſent
l'*Oreille d'Ours* , qui eſt en pleine fleur
au 20. de ce mois.

Les Arbres & Arbuſtes qui fleuriſſent à préſent font, le *Lilas* ordinaire,
le *Lilas* (1) *de Perſe* , le *Citiʒe* , l'*A-*

____

(1) En Angleterre on le nomme mal-à-pro-
pos *Jaſmin de Perſe. Perſian Jaſamine.*

mandier à fleur double & simple, l'Arbre de *Judée*, quelques *Poiriers*, *Cerifiers*, & *Abricotiers*, & dans la Serre quelques *Orangers*, des *Ficoides*, des *Aloës*, & des *Geranium*.

OUVRAGES

A faire dans la Serre & dans le Jardin de Fleurs en Mai.

MAI.

COUPEZ les feuilles & les montans des *Crocus* & des autres Plantes bulbeuses qui ont achevé de fleurir, à moins que vous n'ayez dessein d'en laisser quelques-unes pour graine ; & je conseille aux Curieux d'en laisser grainer tous les ans quelques-unes des meilleures, pour avoir des Pepinieres de semences de chaque fleur, parce que ces semences doivent produire un nombre infini de variétés.

Ramassez votre graine d'*Anemone* dès qu'elle est mûre, parce qu'elle seroit promptement emportée par le moindre vent.

Le. 10 de ce mois est le meilleur tems pour semer les graines d'*Oeillets*, parce que si elles étoient mises plutôt en terre, la Plante deviendroit trop forte avant l'Hyver, & le chancre en attaqueroit plusieurs & les feroit périr : semez-les dans une terre sabloneuse, fraîche, substantielle & bien passée.

Les planches de *Tulipes* sont à présent en fleur, & il faut les défendre du Soleil & de la pluie si vous avez envie de les avoir long-tems en fleur ; quand elles ont fini de fleurir, rompez leur tige, afin que l'oignon se fortifie.

Si on a envie de sécher des feuilles de quelques belles *Tulipes*, il faut avoir des cahiers de papier gris, & mettre séparément des feuilles de ces Fleurs entre les feüilles du papier ; quand elles ont été dans cet état pendant un jour, il faut mettre sur les cahiers un poids honnête, le lendemain remettre les feüilles de *Tulipes* dans un nouveau cahier sec, & les changer de la mê- me maniere d'un cahier à l'autre tou- tes les 24. heures, augmentant le poids à mesure qu'elles sechent ; enfin quand toute l'humidité en est sortie, il faut les étendre sur une feuille de papier fin avec un peu de Gomme & d'eau claire. Je parle ici de la maniere de sécher des Fleurs & des Plantes, parce que tous les Curieux n'ont peut-être pas assez d'adresse pour conserver des échantillons de Plantes, & aussi parce que ce mois nous fournit une plus grande quantité de Plantes qui méritent d'être séchées, que tous les autres mois de l'année.

Ayez soin de bien attacher vos *Oeillets* à leurs bâtons, autrement le vent les romproit.

Semez de nouveau plusieurs Fleurs annuelles, comme les *Quarantaines*, le *Miroir de Venus* & les *Thlaspi*, & arrosez-les souvent si le tems est sec jusqu'à ce qu'elles soient sorties.

Au 15. de ce mois si le tems est doux & assûré, ce qu'on connoît, (suivant quelques-uns) quand les feuilles du *Mûrier* sont aussi larges qu'une feuille de *Renoncule*, mettez vos *Citroniers* & vos *Orangers* hors de l'Orangerie; l'indicaïion tirée de la pousse du *Mûrier*, me paroît avoir quelque fondement, parce que comme le *Mûrier* est un Arbre étranger, & qu'il a un suc plus épais qu'aucun autre Arbre que je connoisse, il faut que la chaleur soit assûrée, & que la température de l'air soit égale pour que sa séve soit mise en mouvement; & comme ce mouvement développe en peu de jours les feuilles, & qu'il s'arrête à la moindre apparence de froid, quand on voit les feuilles de cet Arbre de la largeur d'une feuille de *Renoncule*, on peut être certain que la Saison a été égale pendant quelque tems; ainsi on peut sortir les *Orangers* en sûreté : nous n'avons point d'exemple que les *Orangers* ayent été incommodés quand il y a eu une semaine de beau tems après le 15. de ce mois. Rien ne mérite plus votre attention que les différens degrés de chaleur & de fraîcheur, qui sont nécessaires pour la végétation de différentes especes de Plantes. La douceur de l'air en Janvier fait pousser le *Sureau*, la grande chaleur en Fevrier fait pousser les *Groseillers*, & quelqes especes de *Sorbier*. En Mars nous voyons fleurir les *Amandiers* & les *Péchers* ; en Avril les *Ormes* & d'autres Arbres commencent à développer leurs feuilles, & le *Mûrier* ne commence à travailler que quand le tems du mois de Mai est fixe , & chacune de ces Plantes a sans doute besoin d'un degré différent de chaleur ou de froid (appellez-le comme vous voudrez (pour la faire végéter. Cela n'est pas beaucoup différent de ce que nous observons dans la fusion des Métaux & des autres Corps ; pour fondre la Glace il faut moins de chaleur que pour fondre de la Chandelle ou de la Graisse ; pour fondre de la graisse il en faut moins que pour fondre de la Cire ; pour fondre de la Cire la chaleur doit être moins grande que pour la Resine ; pour la Resine il faut moins de chaleur que pour mettre en fusion le Plomb & l'Etain ; & enfin ces derniers ne demandent pas le même degré de chaleur que les autres Métaux.

En sortant les *Orangers* & les autres Plantes Exotiques, nétoyez leurs feuilles de la poussiere qu'elles ont ramassée dans la Serre, à moins qu'une bonne pluye ne vous évite cette peine, mettez de la terre fraîche sur la superficie de tous les Pots & de toutes les caisses ; arrosez bien les Pots & les Caisses quand elles seront pla-

cées

cées dans l'ordre où elles devoient demeurer ; n'expofez pas vos *Orangers* à
un trop grand Soleil , parce que cela
feroit jaunir leurs feuilles.

Faites à préfent des boutures de
Ficoides & de *Sedum* ; quand vous aurez coupé les branches que vous voulez planter , laiffez-les au Soleil pendant un jour ou deux afin de faire fécher leurs bleffures , & plantez-les
dans une Coftiere découverte pour
les enpoter enfuite ; elles auront pris
racine en moins de deux mois.

Plantez des boutures de *Jafmin d'A-
rabie* , elles prendront racine aifément.

Plantez des boutures de *Geranium* ,
& autres Arbuftes Exotiques dans quelques Coftieres au Midi, elles prendront
mieux racine que dans les Pots.

Le 10. ou le 20. de ce mois greffez
par approche vos *Orangers* & vos *Limoniers* plutôt fur des pieds de *Limoniers* que fur des pieds d'*Orangers* ,
parce qu'ils feront de plus fortes
pouffes ; de cette maniere vous pou-
rez avoir des Plantes auffi petites que
vous voudrez, qui porteront, & en fort
peu de tems, parce qu'elles feront fé-
parées de la Mere dans le mois d'Août.

K

A présent greffez sur le *Jasmin commun* le *Jasmin d'Espagne* & le *Jasmin jaune* des Indes, & ne craignez point que la Greffe manque, parce que j'en ai l'expérience aussi bien que celle de greffer en Ecusson le *Laurier* sur le *Cerisier noir*, le *Laurier* prend très-bien.

Ceux qui ont envie de bâtir des Serres pour s'en servir l'Hyver suivant, ne différeront pas davantage de les faire commencer, parce que les murailles ne seroient pas absolument séches quand on mettroit les Plantes dedans : un Architecte ne peut avoir assez d'attention pour construire cette espece de Bâtiment, car je n'ai pas vû en Angleterre (1) une Serre qui ait la beauté d'un bon Bâtiment, & en même tems les commodités nécessaires pour conserver les Plantes ; c'est aussi ce qui a dégoûté plusieurs personnes des Plantes Exotiques.

A la fin de ce mois ou au commencement du suivant, coupez quelques feuilles de l'*Opuntia* ou *Figue d'Inde*, laissez-les trois ou quatre jours au Soleil pour sécher, avant que de les mettre

(1) C'étoit avant 1718.

en terre.   La terre dans laquelle vous les mettrez sera un tiers de décombres de vieilles murailles de Brique , & deux tiers de bonne terre bien passée , & vous laisserez les pots dehors, pendant quinze jours , avant que de les mettre dans la Couche chaude.

Quand le tems est assûré , transplantez de vos Couches chaudes dans vos Planches, toutes les Plantes annuelles , comme le *Poivre de Guinée* , le *Souci de France* & *d'Afrique* , l'*Amarante* , le *Basilic* , le *Convolvulus* , &c.

Plantez des boutures de *Piracanta* & de *Grenadilles* , prenez des branches nouvelles & plantez-les dans des endroits humides.

Fleurs qui fleurissent à présent dans la Serre & dans le Jardin à Fleurs.

LES Planches de *Tulipes* sont à présent en fleurs , comme aussi les *Giroflées rouges* , les *Giroflées jaunes doubles* , l'*Aconit bleu* , la *Croix de Jerusalem simple* , les *Oeillets de Poëte* , la *Mignardise* , les *Bleuets* , les *Miroirs de Venus* , le *Bouton d'Or double* , la *Quarantaine* , le *Statice* , la petite *Giroflée* annuelle, les *Marguerites doubles*, les *Iris* (1) *bulbeux*, la *Pervenche*, la *Matricaire à fleur double*, la *Digitale*, le *Bouillon blanc*, quelques *Anemones* & *Renoncules* de celles qui ont eté plantées tard. La *Julienne double blanche*, le *Chevrefeuille*, le *Piracanta*, le *Siringa*, les *Roses*, les *Pommiers*, les *Spirea*, le (2) *Spartium*, la *Rose de Gueldres*, les *Campanules*, l'*Ebenier*, les *Pieds d'Aloette*, l'*Ancolie*, le *Glayeul*, les *Pavots*, les *Pivoines*, la *Fraxinelle*, l'*Herbe* (3) *à l'Araignée*, le *Cianus*, la *Gueule de Loup*, la *Valerienne*, les *Martagons*, le *Lys*, l'*Yris*, les *Orchis*, les *Soucis*, quelques *Lupins*, les *Orangers*, les *Ficoides*, les *Aloës*, les *Sedum* & les *Geranium* ; & dans des (4) baquets remplis d'eau, le *Nenuphar* ou *Lis d'eau*, la *Renoncule aqua-*

(1) *Xiphion.*

(2.) *Spanish-broom. Spartium alterum monospermon, semine reni simili* C. B. P 396. *Arbuste à Fleurs jaunes*, il est au jardin du Roi.

(3) *Phalangium.*

(4) On cultive en Angleterre les Plantes Aquatiques dans les Jardins, & pour les bien conserver on les met dans des baquets faits exprès ou dans des tonneaux sciés en deux ; au fond de ces baquets on met de la terre & on les remplit d'eau : autrefois le Frere Di-

tique, le *Jonc fleuri*, la *Fleche d'eau*, la *Flamme*, &c.

dace Recolet cultivoit à Paris de la même maniere les Plantes Aquatiques.

OUVRAGES

A faire dans la Serre & dans le Jardin à Fleurs pendant le mois de Juin.

JUIN.

C'EST à préfent un bon tems pour ôter de terre toutes les Plantes bulbeufes qui ont fini de fleurir, lavez-les auffi-tôt que vous les aurez levées, étendez-les fur de la paille au Soleil, afin qu'elles foient bien féches avant que de les enfermer dans la maifon.

C'eft à préfent la meilleure Saifon pour tranfplanter les *Ciclamen*, les *Safrans*, & les *Colchiques*.

Vifitez les Rivieres, les Viviers, les Etangs & les Foffés pour ramaffer des Plantes Aquatiques rares, vous pouvez les tranfplanter dans vos baquets d'eau, quoiqu'elles foient en fleur, & elles font à la vûë une agréable

varieté parmi les Plantes Exotiques &
les autres Plantes curieuses. Quand
vous ramassez des plantes Aquatiques,
observez qu'elle est la hauteur de l'eau
dans laquelle elles croissent, & donnez-leur, s'il est possible, la même
quantité d'eau, dans les tonneaux où
vous les mettrez.

Attachez vos *Oeillets* qui sont assez
forts, ôtez tous les petits boutons
parce qu'ils prennent la nourriture des
gros. A présent ajustez les gros *Oeillets* qui ont coûtume de crêver, sur-
tout lorsqu'un des côtés du bouton sera déjà crêvé. Ouvrez le côté opposé
avec un bon canif; mais ne touchez
pas aux feuilles; de cette maniere la
fleur s'ouvrira également sans s'écar-
ter, ce qu'elle fera certainement si vous
ouvrez chaque division du bouton. Détruisez les Perce-oreilles avec des On-
glets de Moutons & des Pipes à Tabac;
cette méthode est plus sûre que les bas-
sins & les terrines d'eau mises au pied
des Gradins, à cause que ces Insectes
ont des aîles, quoiqu'elles ne se dé-
couvrent pas aisément.

Ramassez la graine de vos *Oreilles-
d'Ours* & de vos *Prime-verres*, & con-

servez-la dans ſa Coque juſqu'à ce que vous la ſemiez.

Mettez dehors les *Aloës*, les *Cierges*, les *Euphorbes*, & les *Tithimales* les plus tendres, & nétoyez-les de la pouſſiere qu'il ont amaſſée dans la Serre. Otez les feuilles jaunes des *Aloës*, & tranſplantez-les, s'il eſt beſoin, dans de plus grands Pots.

Vous pouvez à préſent couper des rejettons d'*Euphorbe* & de *Cierge*, & avant que de les remettre en terre, il faut les laiſſer au Soleil pour ſécher leurs bleſſures. Vous vous ſervirez de la même terre que j'ai conſeillé pour la *Figue-d'Inde*.

Prenez les rejettons qui viennent au pied des *Aloës*, plantez-les dans la terre dont je viens de parler. Laiſſez-les 15. jours avant que de les mettre dans la couche chaude. Donnez à ces Plantes graſſes un peu d'eau juſqu'à ce qu'elles ayent pris racine.

Arroſez vos *Orangers* qui ſont en fleur, fréquemment, & peu à la fois, afin que le fruit ſe noüe. Cueillez les Fleurs des *Orangers* qui ſont trop chargés. Vous ne pouvez à préſent donner trop d'eau à vos *Mirtes*. Souvenez-vous qu'ils viennent naturellement dans des terreins marécageux.

Continuez à transplanter après la pluye les Plantes annuelles, & semez aussi les Plantes qui doivent succéder à celles que vous avez semées les mois précédens.

Fleurs qui fleurissent dans la Serre & dans le Jardin à Fleurs pendant le mois de Juin.

VOUS avez à présent le *Souci d'Afrique* & de *France*, le *Convolvulus*, la *Balsamine*, l'*Amarante*, le *Pied-d'Aloüette*, le *Thlaspic*, le *Miroir de Venus*, la *Quarantaine*, les *Giroflées*, la *Croix de Jerusalem double*, le *Compagnon*, l'*Oeillet de Poëte*, la *Campanule*, la *Digitale*, la *Molene*, la *Blattaire*, la *Staticée*, la *Mignardise*, la *Clematite* (1) *bleue*, les *Pervanches*, les *Bluets*, les *Lis*, les *Martagons*, les *Aconits à Fleur bleue*, les *Couronnes du Soleil* ou grands *Tourne-sols*, des *Roses - Trémieres*, des *Capucines*, la *Gentiane*, les *Haricots rouges*, l'*Am-*

(1) *Clematitis cærulea vel purpurea, repens*
C. B. pag. 300

brette,

brette, les *Pavots*, les *Grenadiers*, les *Oliviers*, les *Orangers*, les *Citroniers* les *Geranium*, les *Ficoides*, les *Sedum*, le *Dompte-venin*, les *Roses*, les *Chevrefeuilles*, les *Jasmins*, (1) l'*Olivier sauvage*, l'*Ellebore*, la *Figue d'Inde*, les *Matricaires doubles*, quelques *Oeillets*, la *Jacobée*, les *Valerianes*, les *Orchis*, les *Gueules-de-Loin*, les *Lupins*, les *Oeillets de la Chine*, ou *Regence*.

Dans vos tonneaux d'eau vous avez en fleur le *Lis-d'eau blanc à fleur double*, le *Lis-d'eau jaune à fleur simple*, (2) la *Plume d'eau*, & la (3) *Lentibulaire*.

(1) *Oleaster*, c'est l'*Olea Sylvestris, folio duro subtus incano* C. B. *pin.* 172.

(2) *Stratiotes vulgaris flore Albo.* D. Vaillant. Act. Ac. Reg. Scient. 1719. pag. 20.

(3) *Lentibularia major*, Petiv. Herbar. Brit. Tab. 36. Fig. 11.

OUVRAGES

*A faire dans la Serre & dans le Jardin
à Fleurs en Juillet.*

JUILLET.

CONTINUEZ à attacher vos *Oeil-lets* à mesure qu'ils se fortifient, donnez-leur souvent de l'eau, & défendez la fleur de la chaleur violente du Soleil.

Continuez de détruire les mauvaises herbes, & coupez les Fleurs curieuses qui ont fleuri, à moins que vous n'en vouliez conserver la graine. C'est à présent le meilleur tems pour faire des boutures de *Mirtes* en plantant seulement les branches les plus tendres, les mettant à l'ombre & les arrosant souvent.

Levez de terre les *Oignons* qui ne l'ont pas été le moins passé.

Vous pouvez semer dans des Caisses de terre legers les graines de *Tulipes* qui sont mûres, & vous mettrez ces Caisses à l'abri pendant l'Hiver. Semez aufli de la graine d'*Anemone*, comme je l'ai confeillé en Fevrier , & arrofez-la legerement & fouvent.

Taillez pour la feconde fois vos bordures de *Buis*.

Continuez de faire des boutures de *Cierge* , de *Figue-d'Inde* , de *Ficoides* , de *Tithimale* , de *Sedum* , & autres plantes graffes.

Mettez de la terre nouvelle de tus vos Caiffes d'*Orangers* ; cet ouvrage doit être fait au moins quatre fois l'année.

Vers le 20. de ce mois écuffonnez les *Orangers* plûtôt fur des pieds de *Limonier* que fur toutes autres efpeces.

C'eft à préfent le tems que les Fruits du *Caffier* font mûrs , ils font d'une belle couleur rouge ; auffi-tôt qu'ils font cueillis , il faut les femer après avoir ôté la chair de la Baye. Mettez chaque graine féparément dans un Pot d'excellente terre , & portez-le fur une Couche chaude , ces Fruits leveront en moins de fix femaines , comme je l'ai vû dans le Jardin de Botanique d'Amfterdam.

Le fruit des *Ananas* murit à peu-près dans le même tems , ôtez la *Couronne* qui vient au deſſus , & plantez-la dans une terre ſabloneuſe ; cette *Couronne* prendra tout d'abord racine ſur une Couche chaude faite de Tan , parcequ'elle ne peut pas ſupporter la vapeur du fumier de Cheval.

Vous pouvez coucher de jeunes pouſſes de *Jaſmins d'Arabie*.

Liez & taillez toutes vos Plantes Exotiques qui s'emportent trop , ou qui n'ont pas une forme gracieuſe , elles auront de nouvelles pouſſes avant que vous les remettiez dans la Serre.

Ramaſſez toutes les graines de Fleurs qui ſont à préſent mûres ; mais ſurtout faites les bien ſécher dans leurs Coques avant que d'en tirer la graine , & même après que vous les en aurez tirées , laiſſez-les ſécher huit ou dix jours , parce qu'autrement elles ſont ſujettes à ſe gâter. Semez encore quelques plantes annuelles dans des Coſtieres au midi pour les avoir en fleur au mois de Septembre , car dans ce tems-là le Jardin manque de Fleurs.

Fleurs qui fleuriffent dans la Serre &
dans le Jardin à Fleurs en Juillet.

L'Oeillet eft à préfent la gloi-
re du Jardin à Fleurs, & les femences
de cette Plante nous offrent tous les
jours de nouvelles variétés. Les autres Fleurs qui fleuriffent à préfent
font, les *Orangers*, les *Limoniers*, les
Mirtes, l'*Olivier fauvage*, les *Colutea*,
les *Geranium*, les différentes efpeces
de *Fleur de la Paffion*, le *Jafmin*
d'Arabie, le *Jafmin du Brefil*, le
Jafmin blanc commun, le *Grenadier*,
le *Fabago*, le *Capprier*, les *Oliviers*,
les *Ficoïdes*, quelques *Aloes*, les *Se-*
dum, le *Dictame*, quelques *Rofes*,
l'*Amomum de Pline*, le *Convolvulus*,
les *Amarantes*, le *Souci d'Afrique* &
de *France*, le *Tulipier*, la *Verge-d'or*,
le *Dompte-venin*, les *Apocins*, ou *Atrape-*
Mouches de différentes efpeces, l'*As-*
fodele, les *Tubereufes*, la *Cardinale*,
la *Croix de Jerufalem double*, la *Cam-*
panule, la *Clematite bleue*, le *Bluet*, le
Poivre long, la *Belle-de-nuit*, la *Balfa-*
mine femelle, les *Oeillets de la Chine*
ou *Regence*, les *grands Tournefols*, la

Rose Trémiere, la *Digitale*, le *Haricot rouge*, les *Immorteles*, les *Pavots doubles*, la *Gentiane*, la *Fraxinelle blanche & rouge*, la *Capucine*, la *Veronique*, la *Niele*, le *Chrisantemum*, les *Lupins*, les *Giroflées*, les *Figues-d'Inde*, l'*Arbousier*, & quelques Plantes annuelles semées tard.

OUVRAGES

A faire dans la Serre & dans le Jardin à Fleurs pendant le mois d'Août.

AOUST.

LE commencement de ce mois est une bonne Saison pour œilletonner les *Oreilles d'Ours*, afin qu'elles ayent un tems suffisant pour se fortifier avant le Printems. Plantez une petite Plante seule dans un Pot plûtôt que d'y en mettre plusieurs, parce que quand vous laissez plusieurs plantes dans le même Pot vous ne devez attendre que de petites Fleurs.

C'est aussi un tems propre pour transplanter les semences d'*Oreilles d'Ours* à quatre ou cinq pouces de diftance l'une de l'autre dans une Coftiere où la terre foit legere & bien travaillée. Arrofez-les legerement après qu'elles feront plantées , & garantiffez-les du Soleil avec des paillaffons pendant 15. jours.

Tranfplantez auffi vos femences de *Prime-verres* dans une Coftiere au Nord , & divifez les vieux pieds.

Si vous avez de bonnes graines d'*I-ris-bulbeux* , de *Fritillaires* & de *Renon-cules* , c'eft-à-préfent une bonne Saifon pour les femer en les couvrant legerement de terre bien paffée. Soyez perfuadé que des Pepinieres de cette efpece vous récompenferont de votre patience par une grande variété de belles Fleurs. Remarquez auffi que la meilleure graine de *Renoncule* vient de France.

Donnez de l'Ombre aux graines de *Tulipes* & d'*Anemones* qui ont été femées dans le mois précédent.

Plantez des *Anemones* fimples ; vous pouvez auffi tranfplanter des *Lis* , des *Hyacinthes* , des *Narciffes* , des *Marta-gons* , des *Crocus* & des *Perceneiges.* Coupez les montans de vos Fleurs

L iiij

qui ont fini de fleurir. Vous pouvez auſſi partager leurs racines pour les multiplier. Ramaſſez les graines lorſque le tems eſt ſec.

Dans le milieu de ce mois, ou un peu plus tard, ſevrez du pied les *Orangers* greffés par approche; mais faites cette opération avec une grande legereté, de crainte de rompre la branche greffée, & de la détacher du ſujet. Laiſſez-y la terre glaiſe juſqu'au Printems ſuivant, & préſervez-les des grands vents.

C'eſt à préſent une bonne Saiſon pour tranſplanter des *Mirtes* & des *Orangers*, ſi cet ouvrage n'a pas été fait au Printems.

Ne délicatez pas trop dans la Couche chaude vos boutures de *Cierge*, d'*Aloës*, & de *Figue-d'Inde*, donnez-leur de l'air afin de les fortifier avant l'Hiver.

Séparez les pieds de *Mignardiſe*, & mettez-les en Pepiniere pour les replanter au Printems ſuivant.

Vous pouvez faire des boutures de toutes ſortes d'Arbes & d'Arbuſtes qui paſſent l'Hyver dehors, vous reſſouvenant toujours de prendre les plus tendres branches.

A la fin de ce mois levez les *Marcotes d'Oeillets* qui font bien enracinées, mettez-les dans les places où elles doivent fleurir ; les Fleurs en feront beaucoup plus fortes que fi elles étoient plantées dans le Printems. vous pouvez auffi marcotter les *Oeillets* qui n'étoient pas affez forts pour être marcottés dans les mois paffés ; mais ils ne feront propres à être tranfplantés qu'au mois de Mars fuivant.

Tranfplantez vos femences d'*Oeillets* à un pied l'un de l'autre. Si vous trouvez quelque vieux pied d'*Oeillet* qui paroiffe difpofé à fleurir tard, remportez-le dans de la terre nouvelle, & vous le mettrez dans la Serre au mois d'Octobre. Par ce moyen j'ai eu de belles Fleurs la plus grande partie de l'Hiver.

Serrez à préfent les *Aloès*, les *Cierges*, les *Euphorbes*, & les autres Plantes graffes qui font les plus tendres.

Fleurs qui fleuriffent dans la Serre & dans le Jardin à Fleurs en Août.

Vous avez encore quelques *Oeillets*, les grands *Tourne-fols*, les *Rofes-Tre-*

mieres, les *Roses*, les *Grenadiers*, l'*Ar-boufier*, les especes de *Jasmin*, le *Blanc* ordinaire, le *Jasmin d'Espagne*, le *Jasmin du Bresil*, le *Jasmin jaune des Indes*, le *Jasmin d'Arabie*, le double & le simple, les *Orangers*, les *Mirtes*, l'*Olivier-sauvage*, l'*Attrappe-Mouche*, plusieurs especes de *Ficoides*. Quelques *Aloes*, les *Grenadilles* ou *Fleurs de la Passion* de plusieurs especes, les *Sedum*, les *Geranium*, les *Althea*, le *Colutea*, la *Guernesienne* (1), les *Tubereuses*, la *Cardinale*, la *Balsamine*, la *Belle-de-nuit*, le *Chrisanthemum*, les *Immortelles*, les *Colchiques*, le *Saffran jaune d'Automne*, les *Ciclamens*, le *Souci d'Afrique* & de *France*; le *Convolvulus*, le *Poivre long* ou de *Guinée*, les *Afters*, les *Amarantes*, la *Nielle*, l'*Ambrette*, les *Scabieuses*, la *Capucine*, la *Linaire*, les *Giroflées*, les *Panicots*, les *Clematites bleues*; les *Plantes* annuelles semées tard, la *Quarantaine*, les *Pavots*, les *Pieds-d'Alloüette*, les *Thlaspis*, &c.

Il fleurit aussi quelquefois à présent des *Violettes doubles*, des *Oreilles-*

(1) *Lilio-Narcissus Japonicus rutilo flore.* Mor. Hist. Oxon. part. 2. p. 368.

d'Ours, & des *Primes-verres*, parceque dans l'Automne la température de l'air se trouve semblable à celle de la Saison dans laquelle ces Plantes ont coutume de fleurir. L'*Althea-Frutex*, ou *Ketmia* est aussi en fleur dans ce mois.

OUVRAGES

A faire dans la Serre & dans le Jardin à Fleurs en Septembre.

SEPTEMBRE.

VOUS avez à présent plusieurs Fleurs qui s'élevent considérablement ; ainsi pour empêcher que les vents ne les rompent , attachez-les avec soin à des bâtons.

Si vous n'avez pas levé vos *Marcottes d'Oeillets* dans les mois précédens , ne différez pas plus long-tems de le faire ; mais plantez-les dans les places ou dans les Pots où elles doivent fleurir , & vous connoîtrez l'avantage de cette pratique.

Semez à présent des *Pavots* , des *pieds-d'Allouette* ; de la *Quarantaine* ,

du *Thlaspi* & des *Miroirs de Venus*, pour
qu'ils passent l'Hiver , & qu'ils fleuris-
rissent de bonne heure au Printems.

La premiere semaine de ce mois
vous pouvez continuer à planter des
Arbres toujours verts , comme des
Houx & des *Ifs* , &c. s'ils sont levés
avec de bonnes racines ; mais le mois
d'Août est la meilleure Saison (1).

Transplantez toutes sortes d'Arbustes à Fleurs , & faites - en des *Marcottes* (2).

Vous pouvez continuer de transplanter tous les Plantes à Fleurs dont
les racines sont fibreuses , & qui ont
fini de fleurir , & couper à trois pouces de terre les montans des fleurs qui
doivent rester en place.

C'est à présent un bon tems pour
planter les Pattes de *Renoncules* & les
Griffes d'*Anemones* que vous voulez
avoir en fleur de bonne heure. Choi-
sissez pour les *Anemones* une terre naturelle & bien passée ; mais pour les
Renoncules il faut qu'il y ait la moitié

----

(1) Je crois qu'en France le mois de Septembre est plus propre.
(2) On les peut faire à peu-près comme es
Marcottes d'Oeillets.

de Bois pourri mêlé dans la Planche.

A la fin de ce mois plantez quelques *Tulipes*, particulierement les *Couleurs* ; mais ne leur donnez pas une terre riche , vous souvenant toujours que c'est le manque (1) de nourriture qui cause le panache dans les Plantes ; ainsi mon avis est de planter toutes les *Tulipes* de couleurs dans une terre préparée , moitié de décombres de vieux Bâtimens , & moitié de terre ordinaire , ou bien mettez-les autour de vos piramides d'*Ifs* , qui ont été assez long - tems dans la terre pour l'apauvrir.

Plantez à présent vos oignons de *Jonquilles* , & laissez-les deux ou trois ans dans la même place.

Semez des *Girofées* pour n'en pas manquer dans le Printems si l'Hyver a détruit vos vieux pieds. Elles aiment une terre séche mêlée de décombres de Bâtimens où il soit entré de la Chaux.

(1) M. *Bradley* paroît se contredire ici sur la cause de la multiplicité des especes de Plantes. Dans la premiere partie de cet Ouvrage nous avons parlé du sentiment qu'il a adopté dans le chap. 2. de ses *New. Improvements.*

Au milieu de ce mois ferrez les *Orangers*, les *Geranium*, les *Ficoides*, les *Sedum*, & les autres Plantes tendres ; mais ne les mettez en ordre qu'au mois d'Octobre, quand vous entrerez vos *Mirtes* & autres Plantes plus ruftiques, laiffez les fenêtres de la Serre ouvertes la nuit & le jour.

Vous pouvez encore femer les graines des Plantes bulbeufes, comme les *Tulipes*, les *Iris* bulbeux, les *Martagons*, les *Crocus* & les *Fritillaires* ; vous pouvez auffi femer des *Anemones* & des *Renoncules*, vous les femerez dans des Pots ou dans des Caiffes de terre commune bien paffée.

Fleurs qui fleuriffent dans la Serre & dans le Jardin à Fleurs en Septembre.

VOUS avez en fleur le *Jafmin blanc* commun, le *Jafmin d'Efpagne*, le *Jafmin jaune des Indes* & le *Jafmin du Brefil*, grande variété de *Ficoides*, plufieurs efpeces de *Geranium*, le *Leonurus*, ou *Queue de Lion*, la *Fleur de la Paffion*, le *Thlafpi-Vivace*, l'*Amomum de Pline*, la *Guernefienne*, les *Amarantes*, les *Ciclamens*, les *Colchiques* les *Gueules de Loup*, les *Chrisanthe-mum*, les grands *Tourne-sols*, les *Roses-Tremieres*, les *Tubereuses*, les *Soucis* de France, & d'*Afrique*, la *Violette* double, la *Belle-de-nuit*, la *Balsami-ne*, le *Convolvulus*, l'*Herbe à l'Arai-gne*, la *Capucine*, l'*Haricot rouge*, le *Safran*, les *Pavots*, les *pieds d'Al-louette*, les *Quarantaines*, les *Thlaspi*, le *Miroir de Venus*, les *Giroflées*, quel-ques *Oeillets*, des *Oreilles - d'Ours*, quelques *Primes-verres*, les *Oeillets de la Chine*, les *Mirtes*, les *Roses de tous les mois*, les *Grenadiers*, l'*Arbousier*, l'*Olivier sauvage*, le *Colutea*, le *Poi-vre long* & l'*Altea Frutex*, & les dif-férentes especes d'*Aster*.

OUVRAGES.

*A faire dans la Serre & dans le Jardin
au mois d'Octobre.*

OCTOBRE.

AU commencement de ce mois, mettez dans la Serre les *Mirtes* (1), l'*Amomum de Pline*, l'*Herbe aux Chats*, la (2) *Pimprenelle d'Afrique*, & les autres Plantes vertes qui étoient restées dehors ; en les serrant donnez-leur, aussi-bien qu'aux autres Plantes qui sont déjà renfermées, un peu de terre nouvelle sans déranger leurs *Racines*, liez leurs branches qui ne croissent pas bien, & mettez-les dans les places où elles doivent rester l'Hyver ; il faut que les *Aloës*, les *Cierges*, les *Euphorbes*, & les autres Plantes délicates soient sur le devant

(1) Dans ces pays-ci il est inutile de mettre dans les Serres les trois Plantes suivantes, elles passent l'Hyver en pleine terre ou sur les fenêtres des Orangeries.

(2) *Melianthus Africanus*, H. L. Bat.

de

de la Serre à la plus grande expofition du Soleil, & que les Plantes les plus ruftiques foient fur le derriere. Après le milieu de ce mois, ne donnez plus d'eau à vos Plantes graffes, de peur qu'elles ne pourriffent.

Obfervez auffi que les Gradins où font les Plantes Exotiques n'occupent que le tiers de la Serre, parce qu'il faut autant de diftance entre la fenêtre & les Plantes, qu'entre les Plantes & le fond de la Serre, pour que la Serre ne foit pas fi fujette à la moififfure, & qu'il y ait affez d'air pour nourrir les Plantes quand elle feroit fermée prefqu'un mois de fuite.

Quand vous arrofez vos Plantes dans la Serre, arrofez-les le matin quand le Soleil donne deffus.

Tenez les fenêtres de votre Serre ouvertes le jour & la nuit jufqu'au 15. & après ce tems-là ouvrez-les feulement pendant le jour.

Finiffez de planter les *Tulipes*, & plantez auffi des *Anemones* & des *Renoncules*.

Continuez de tranfplanter des *Rofiers* & les autres Arbuftes à Fleurs, faites auffi des Loutures de *Jafmin* &

M

de *Chevrefeuille* dans des bordures à l'ombre & bien bêchées , & enterrés dans la terre au moins deux yeux de chaque bouture.

Vous pouvez à préfent femer les graines de *Houx* , d'*Ifs* & des autres Arbres toujours verts, qui ont été préparées dans la Terre ou dans le Sable.

Que les Pots d'*Oeillets* qui fleuriffent à préfent dans la Serre foient mis près de la porte , dans un endroit où ils puiffent avoir le plus d'air. Ayez la même attention à placer dans la Serre les Plantes Exotiques , que les plus tendres foient plus éloignées de la porte , pour les ruftiques l'air ne les incommodera pas , particulierement les *Ficoides* ; il y en a même quelques. efpeces qu'il ne faut pas trop délicater, parce que le trop grand foin les fait quelquefois périr.

Fleurs qui fleuriffent dans la Serre &
dans le Jardin à Fleurs en Octobre.

Vous avez à préfent quelques *O-rangers* en fleur, des *Mirtes* , des *Geranium* , l'*Amomum de Pline.* , des

Aloës, des *Ficoides*, le *Leonurus*, les *Apocins* ou *Atrapes-Mouches*, le *Jasmin d'Espagne*, le *Jasmin jaune des Indes*, le *Jasmin du Bresil*, le *Jasmin commun*, le *Vivace*, des *Grenadiers*, l'*Arbousier*, des *Anemones*, des *Primes-verres*, des *Oeillets*, des *Giroflées*, des *Gueules de Loup*, des *Asters*, des *Amarantes*, des *Violettes* doubles, le véritable *Safran*, le *Colchique*, les *Roses* de tous les mois ; plusieurs especes de *Ciclamen*; plusieurs especes de *Grenadille* ou *Fleurs de la Passion*, le *Souci d'Afrique* & de *France*, la *Belle-de-nuit*, le *Poivre long*, les *Giroflées de muraille* simples, quelques *Oignons du Cap de bonne Esperance*, la *Pensée*, & le *Laurier-Tin*.

OUVRAGES

A faire dans la Serre & dans le Jardin à fleurs en Novembre.

NOVEMBRE.

PENDANT ce mois, si le froid n'est pas trop vif, ouvrez un peu les fenêtres de votre Serre, particulierement quand le Soleil paroit , & en même tems arrofez les Plantes qui en ont befoin. Que l'eau dont vous vous fervirez pour arrofer les Plantes de la Serre , foit la plus fimple qu'il eft poffible , parce que les mêlanges de fumer & autres ingrédiens chauds gâtent & détruifent les Plantes.

Si le froid commence à être violent , faites un petit feu de Charbon de bois dans une poële , & quand il fera bien allumé , fufpendez la poële auprès des fênetres de la Serre ; mais ne vous fervez de ce fecours que le foir , ou fi vous pouvez avoir la commodité d'une des cheminées(1)perfectionnées par le Docteur *Defaguilliers* , il faut vous en fervir dans cette occa-

(1) M. *Gauger* a inventé en *France* cette efpece de Cheminée & l a publiée dans un Ouvrage , intitulé : *La Mecanique du Feu* , imprimé a *Paris* en 1713. Le Docteur *Defaguilliers* y a fait les changemens néceffaires pour qu'elle pût fervir en *Angleterre* , où on ne brûle que du Charbon de Terre. L'avantage de la Cheminée de M. *Gauger* eft , qu'il entre fans ceffe dans la Chambre ou dans la Serre de l'air nouveau également échauffé que l'air qui y eft renfermé, en foit auffi continuellement ; on pourroit peutétre bien faire un Poële qui produiroit a peuprès le même effet.

ſion ; c'eſt la meilleure invention que
je connoiſſe pour échauffer une Serre.

Dans ce mois faites des monceaux
de terre pour vos différentes eſpeces
de Fleurs , & faites les mêlanges de
Terre qui ſont néceſſaires aux Fleurs
& aux Plantes Exotiques , comme je
l'ai conſeillé dans les mois précédens.
Quand la Terre eſt trop forte , il faut
la mêler avec d'autre qui ſoit legere ,
& ſur tout avec du Sable de Mer , ſi
vous en avez la commodité , ou bien
avec d'autre Sable.

A préſent couchez ſur le côté vos
Pots d'*Oreilles-d'Ours* , la Plante tour-
née du côté du Soleil , (1) parce que
trop d'humidité fait pourrir les feuilles,
& que le froid incommode beaucoup
cette Plante.

Garantiſſez du froid les ſemences
des Plantes bulbeuſes , mais donnez-
leur de l'air tous les jours , ſans quoi
elles fondroient.

Si le tems eſt doux vous pouvez encore tranſplanter des *Roſiers* , des *Jaſmins* , des *Chevrefeuilles* , des *Seringa*,
des *Lilas*

____

(1) M. ..... x ellent Curieux en *Oreilles
d'Ours* , veut qu'on faſſe le contraire.

A présent coupez à trois pouces de la racine les montans de vos Fleurs qui ont fini de fleurir, ce conseil ne regarde que les grandes Plantes, parce qu'il ne faut pas toucher aux feuilles des *Safrans*, des *Ciclamen* & des *Colchiques*, jusqu'à ce qu'elles périssent naturellement.

Détachez de la muraille vos *Fleurs de la Passion*, & couchez-les sur la terre, afin que quand les grands froids viendront, vous puissiez les couvrir avec de la paille.

Attachez tous vos Arbres & Arbustes à des Perches, parce que les grands vents dans cette Saison rompent & détruisent ceux qui sont en liberté.

Vous pouvez au commencement de ce mois planter des *Jacinthes*, des *Jonquilles*, des *Narcisses*, des *Primes-verres* dans des Pots, & les mettre sur des Couches chaudes pour les faire fleurir aux environs de Noël.

Fleurs qui fleurissent dans la Serre & dans le Jardin à Fleurs pendant le Mois de Novembre.

LES feuilles du *Lis-panaché* font à

préfent le principal ornement des Jardins.

Vous avez encore en fleur le *Laurier-Tin* , quelques *Mirthes* , le *Jafmin
blanc d'Efpagne* , le *Jafmin jaune des
Indes*, le *Thlafpi-Vivace*, des *Geranium*
& des *Ficoides* ; quelques *Oeillets* dans
la Serre , l'*Aloës* & l'*Amomum de Pline* , qui eft chargé de fon fruit rouge ,
le *Leonurus* ; quelques *Fleurs de la
Paffion* , la *Gentianelle* (1) , des *Primes-verres* , des *Giroflées* , & des *Violettes doubles*.

(1) *Gentiana Alpina Flore magno* J. B. 2.
523. La Fleur eft très-belle.

OUVRAGES

*A faire dans la Serre & dans le Jar-
din à Fleurs en Decembre.*

DECEMBRE.

COMME il n'y a point de Plante
qui puiffe vivre dans la Serre fans
air , un Jardinier doit leur en donner
avec bien de la précaution , parce que
l'air de dehors eft à préfent fi dur & fi

froid , que si on le laissoit entrer immédiatement sur les Plantes dans la Serre , il en feroit mourir plusieurs ; d'un autre côté si les Plantes étoient enfermées pendant un tems considérable sans changer l'air de la Serre, elles seroient suffoquées , ainsi je conseille de trouver quelque moyen pour renouveller de tems-en-tems l'air de la Serre quand il sera nécessaire , & de le corriger de telle maniere qu'il puisse nourrir les Plantes sans les gêler ; ainsi à l'entrée de chaque Serre il doit y avoir une Antichambre , par laquelle on puisse passer pendant l'Hyver, pour que la porte ordinaire , & les fenêtres du devant soient bien fermées ; toutes les fois qu'on entrera cette Antichambre se remplira d'air nouveau , & ouvrant ensuite la porte de cette Antichambre qui donne dans la Serre , l'air qui y sera entré se mêlera avec celui qui est dans la Serre , & qui est usé & lui fournira les parties nouvelles qui contribuent à la végétation & à la croissance des Plantes.

Pour expliquer ce que j'entends par les parties *d'air nouveau* qui sont nécessaires pour la végétation des Plantes, je

dois

dois avoir recours à quelques Expériences qui ont été faites sur l'air par rapport à la nourriture des Animaux, lesquels ont beaucoup d'Analogie avec les Plantes. Un Plongeur qui descend sous l'eau dans une (1) Cloche où il n'a d'autre air que celui qui est contenu dans la Cloche, s'apperçoit au bout de quelque tems, que la chaleur de l'air augmente de plus en plus, sur la fin il est en danger d'être suffoqué, & il ne peut avoir de secours qu'en recevant dans ses poumons de l'air nouveau. Cela nous fait voir qu'il y a dans l'air des parties essentielles pour la vie des Hommes, & que quand elles sont épuisées, l'air qui reste est inutile. Pour peu qu'on connoisse la nature des Plantes, on sçait de même qu'une Plante qui a été quelque tems enfermée sans air, devient malade, perd sa verdeur, & souvent languit sans pouvoir se rétablir. Nous avons encore

---

(1) *Campana Urinatoria.* Voyez là-dessus les Expériences de *Sturmius* dans son *Collegium experimentale,* & dans les Journaux des Sçavans de 1678. & celles de M. *Halley* dans les *Transactions Philosophiques.*

N

une autre Expérience qui tend à confirmer la premiere ; en même tems qu'elle prouve mieux qu'il y a une qualité dans l'air qui est néceffairepour maintenir la vie des hommes , elle montre que cette qualité paroît être la même que celle qui est néceffaire pour conferver le feu ou la flamme. UneChandelle allumée étant mife fous une Cloche pofée fur une table de maniere qu'il n'entre point d'air fous la Cloche , elle brûle peut-être une minute ou deux , felon la quantité d'air qui est renfermée fous la Cloche ; mais auffi-tôt que la quantité d'air néceffaire pour nourrir la flamme est confommée , la Chandelle s'éteint. Cela a été effayé trop fouvent , pour qu'on puiffe dire que la Chandelle s'éteint par hazard , & en laiffant rentrer de l'air nouveau fous la Cloche un peu avant que la Chandelle s'éteigne , elle continue de brûler. Pour içavoir fi l'air qui nourrit nos corps a la même qualité , on examina fi l'air mis fous la Cloche en fortant des Poumons , produiroit le même effet fur la Chandelle que l'air extérieur ; mais il ne le produifit pas ; car la Chandelle

ne s'éteignit qu'à son tems ordinaire.
Ce qui fait voir que quand nous res-
pirons, les poumons prennent ce qui
est nécessaire pour la nourriture de
nos corps, & rejettent dehors le reste ;
ce que j'ai dit suffira pour montrer la
nécessité de laisser entrer de l'air frais
dans la Serre le plus souvent qu'il est
possible.

Donnez un peu d'eau à vos Plantes dans la Serre, & ressouvenez-vous
toujours que les *Aloës*, les *Euforbes*,
les *Figues d'Inde*, (1) les *Melons épi-*
neux ou les *Têtes à l'Anglois*, les *Cier-*
ges & les *Sedum* n'en ayent point du
tout jusqu'à ce que le mois de Mars
soit presque passé.

Faites provision de paillassons pour
garantir du froid vos Plantes délicates,
& particulierement les belles planches
d'*Anémones* & de *Renoncules*, parce
qu'à présent les grands froids commencent.

Ne soyez pas trop pressé d'échaufer
votre Serre avec des chaleurs artificielles ; mais donnez-leur tout le Soleil possible, étudiez-vous plûtôt à
garantir du froid vos Plantes qu'à les

(1) *Melocactus.*

faire pousser, parce que les pousses qui viennent dans une Saison qui n'est pas naturelle, gâtent la Plante & l'affoiblissent.

Otez toutes les feuilles gâtées de vos Plantes Exotiques, parce qu'elles feroient bien-tôt périr entiérement la Plante.

Fleurs qui fleurissent dans la Serre & dans le Jardin à Fleurs en Decembre.

LES feuilles du *Lis panaché* sont à présent très-belles, & valent des Fleurs; vous avez le *Laurier-Tin*, le *Neflier* de *Glastenbury*, le *Thlaspi-Vivace*, le *Jasmin jaune des Indes*, le *Jasmin d'Espagne*, le *Ciclamen*, les *Ficoïdes*, les *Aloës*, les *Anémones simples*, des *Giroflées jaunes de muraille simples*, des *Gueules de Loup*, des *Primes-verres*, l'*Arbousier*, l'*Amomum de Pline*, des *Orangers*, des *Limoniers*, des *Citroniers*, le *Buisson ardent* ou *Pyracanta*; & sur les Couches chaudes vous avez quelques *Jacinthes* & quelques *Narcisses*; vous avez aussi en fleur l'*Hellebore noir*, quelques *Perceneiges* & l'*Anonite d'Hyver*.

DESCRIPTION

D'UNE SERRE

*Pour les Plantes Etrangeres, deſſinée
par M. GALILEI de Florence.*

CE qui empêche les Curieux de
cultiver les Plantes Etrangeres,
eſt la difficulté de les conſerver, ſoit
qu'on ait des Serres ou qu'on n'en ait
point ; quand on n'a pas la commidité
d'en avoir, les Plantes les moins délicates, périſſent par les Froids & les
mauvais tems de l'Hiver, & quand on
en a, elles ſont pour l'ordinaire ſi mal
conſtruites, que les Plantes ſont étouf-
fées & empoiſonnées par la vapeur du
Charbon de Terre. Ces inconvéniens
m'ont engagé à conſulter M. *Galilei*,
célébre Architecte, & je l'ai prié de
me donner le deſſein d'une Serre,
qui réunit en même tems les agré-
mens de l'Architecture, avec la bonté
de la conſtruction.

N iij

* A & B font deux Cabinets à chaque extrêmité de la Serre ; ces Cabinets fervent de paffage pour entrer dans la Serre pendant l'Hiver, afin que l'air froid ne frappe point fubitement les Plantes. *a b* font des réduits pratiqués dans ces Cabinets pour mettre des Inftrumens de Jardinage, pour mettre des Livres, des Papiers, &c. *cc* marquent la place du lit.

En C font placés des Gradins en demi cercle pour les Plantes les plus tendres, comme les *Aloës*, &c. Cet endroit eft deftiné aux Plantes délicates, afin qu'elles joüiffent parfaitement des rayons du Soleil, qui tomberont alors jufqu'au bas du Pot, & comme la Coupole doit être entierement de Verre du côté du midi, elles profiteront encore davantage de la chaleur du Soleil ; la moitié de la Coupole eft foûtenue par des pilliers *d*, *e*, *f*, *g*, qu'on peut retrancher fi on le juge à propos ; ils ne fervent que d'ornemens quand les Plantes font dans la Serre, & ne foutiennent pas beaucoup la Coupole, il n'y a que le toît qui appuie deffus.

* Planche. 1re.

Les pilliers *h*, *i*, *k*, *l*, *m*, *n*, *o*, *p*. d'ordre Corinthien portent la Coupole, & font pofés de façon qu'ils n'interrompent que très-peu l'entrée des rayons du Soleil dans la Serre ; c'eft la principale attention qu'il faut avoir en conftruifant une Serre.

Les Fenêtres ou Chaffis vitrés doivent être auffi hauts que les pilliers, il faut que le jeu en foit libre, qu'ils puiffent fe lever & s'abaiffer facilement quand on veut donner de l'air nouveau aux Plantes, & qu'ils foient conftruits de façon qu'ils remontent tout-à-fait dans la Frife quand les Plantes font forties de la Serre, afin que le devant de la Serre foit entierement ouvert, & qu'elle repréfente une colonade ou un portique.

Il faut que les Chaffis de la Frife puiffent s'abaiffer & defcendre quand on veut donner de l'air dans le haut de la Serre, ce qui eft fouvent néceffaire.

Depuis le pillier *i* jufqu'au pillier *o*, il faut que des Chaffis puiffent gliffer dans des Rainures, comme les Décorations de Théâtre pour enfermer le demi-Cercle C, quand on veut donner de l'air aux autres Plantes qui font plus vigoureufes.

D D marquent la place des Plantes moins délicates telles que les Orangers, les Limoniers, les Mirtes, &c. Entre chaque rang de Plantes ou de Caiffes, il faut un paffage pour arrofer commodément.

Dans le fonds de la Serre il y a une Grotte & une Fontaine E trés-utile pour arrofer les Plantes pendant l'Hiver. L'eau du Baffin eft toujours de la même temperature que la Serre, & par conféquent toujours en état de fervir à l'arrofement & à la nourriture des Plantes. De l'eau qu'on apporteroit de dehors pourroit endommager & faire périr les Plantes ; d'ailleurs cette Fontaine eft un ornement qui plaît également pendant l'Eté & pendant l'Hiver.

Dans la Serre il y aura deux Cheminées F F qui échaufferont également la Serre & les Cabinets. Une Serre conftruite fur ce deffein n'a pas beaucoup befoin de Volets aux Fenêtres, car le Soleil & la chaleur du feu des Cheminées échaufferont affez l'air pour empêcher que le froid n'incommode les Plantes, & quand le froid eſt extrêmement vif, on peut ſe contenter de couvrir les Fenêtres de la demi Coupole avec des Nattes, parce que les Plantes les plus délicates ſont dans cette partie-là.

DE LA COUCHE DE TAN & de la Culture des Ananas, de la Goiave, de l'Arbre du Caſſé, & du Bananier.

PAR M. BRADLEY.

LE Tan eſt d'un grand uſage pour faire des Couches chaudes ; mais il ne faut l'employer qu'avec ménagement & précaution, pour conſerver toutes les Plantes Exotiques qui nous ſont apportées des Climats les plus chauds ; c'eſt pourquoi je donnerai ici les inſtructions néceſſaires pour faire une Couche de Tan.

Il faut d'abord préparer une place de quatre pieds de profondeur, & de dix ou douze pieds de long, & ſ'enfermer de murailles de Brique de trois pieds de hauteur ; cette Muraille de Brique est ordinairement faite sous **Terre** , si le Terrein est sec ; car quand l'eau est près de la surface de la Terre , elle gâte le Tan aussi-tôt qu'elle y aborde ; quand au contraire l'eau est près du niveau de la Terre , il faut construire le Bâtiment de la Couche au dessus de la Terre , sur la Muraille de Brique. Vous pouvez poser un Chassis vitré ou une Serre vitrée haute de quatre ou cinq pieds & davantage , suivant la hauteur des Plantes que vous voulez mettre dedans.

Si vous faites la Serre d'une hauteur considérable , je conseille d'en faire le devant ou la face en panneaux , afin d'avoir la liberté de l'ôter quand il est nécessaire de donner de l'air à la Couche , comme dans le tems humide ; parce qu'alors il ne conviendroit pas d'ouvrir la Serre par le haut ; j'en fis construire une de cette espece à *Vaux-Hall,* quand je fis faire des Chassis vitrés pour forcer le fruit , & le faire mûrir plus promptement; j'en donnerai ici la Figure , aussi-bien que de quelques Serres chaudes qui sont très-utiles pour les Plantes tendres dans l'Hiver ; parce que ces Chassis vitrés

font deftinés feulement pour conferver pendant l'Eté les Plantes les plus
tendres , quand on les éleve de Graines , ou quand elles font jeunes ; on
peut fe fervir de ces Chaffis depuis
le mois d'Avril jufqu'au milieu d'Octobre , & après cela il faut remettre
les Plantes dans les Serres chaudes.

J'appuye beaucoup fur cet Article ,
parce que je trouve qu'on a profité
déja des Remarques que j'ai données pour cultiver le Caffé dans nos
* Plantations de l'*Amérique* , où il
vient très-bien , & porte beaucoup.
On en a même apporté dans le Pa-
lais d'*Hampton-Court* des pieds qui
fe portent très-bien , & je ne doute pas que cette Plante , par fa beauté & fa curiofité ne foit fort recher-
chée par tous les Amateurs de Jardinage , d'autant plus que la dépenfe qu'on fera pour la cultiver, fervira
pour éléver tous les Fruits choifis des
climats les plus chauds.

On fera peut-être effrayé de la dépenfe des Serres, parce qu'on crain-
dra que ce ne foit une dépenfe con-

---

* Pour les François c'eft *Cayenne* la *Martini-*
que, l'*Ifle de Bourbon.*

tinuelle ; mais la dépenfe * du Tan eſt très peu confidérable, chacun ſçait qu'il eſt à meilleur marché que le Fumier de Cheval, & qu'une Couche de Tan reſte chaude depuis Février juſqu'à la fin d'Août, & la dépenſe du feu qu'il faut faire durant l'Hiver ne peut pas être fort confidérable ; car un *Ananas* vendu payera la dépenſe, & ces Serres chaudes conferveront les *Ananas*, auſſi-bien que les *Caffés*, les *Bananiers* ou *Plantins*, les *Goiaves* ou *Mangles*, & même tous les Fruits qui croiſſent entre les Tropiques.

La Serre que j'ai décrite dans cet Ouvrage eſt de grand uſage ; mais tous les Curieux ne ſont pas en état d'en bâtir une ; c'eſt pourquoi je vais décrire ſur les Plans & les Deſſeins que j'ai donnés à M. George *Eaton*, près du Monument à *Londres*, quelques Serres qui ſeront plus petites, & qui coûteront beaucoup moins ; ce Curieux a fait conſtruire pluſieurs Serres qui lui ſont extrêmement commodes, & dont je parlerai quand j'expliquerai la Planche 4. Figures 1. 2. 3. 4.

Dans les Couches de Tan il eſt né-

* En *Angleterre.*

cessaire d'observer que les Chassis de
Verre construits suivant l'ancienne
pratique, ont toujours par dedans les
barres ausquelles les Vitres sont atta-
chées ; de cette maniere beaucoup de
Plantes qui sont au dessous périssent,
parce que la vapeur humide de la
Couche étant condensée quand elle
arrive aux Vitres, se ramasse en gout-
tes qui tombent sur les Plantes, &
les font mourir ; mais pour prévenir
ce désordre, & ne pas s'assujettir à re-
tourner tous les matins, les Chassis des
Couches chaudes, M. *Fairchild* met
à présent en dehors toutes les barres
des Chassis de ses Serres, laissant une
espace convenable pour que l'eau de
la pluye ait un passage & un écoule-
ment entre les Vitres & les Barres ;
j'ai observé que les Vapeurs qui se
condensent dans l'intérieur de la Serre
ou Couche, coulent graduellement le
long des Vitres sans s'amasser ; aussi
toutes les Plantes qui sont renfermées
dans les Couches ou Serres, sont hors
d'un danger, qui trop fréquemment
a détruit nos curiosités les plus pré-
cieuses.

Nous avons présentement à parler

du Tan, & de la maniere dont on s'en
fert : le Tan pour les Couches eft le
Tan dont les Tanneurs ne peuvent
plus fe fervir, & que l'on tranfporte
des foffes des Tanneurs dans le Jardin. Il le faut mettre d'abord en monceaux pour en faire fortir l'eau, & le
remuer une ou deux fois, pour le
rendre le plus également humide qu'il
eft poffible, parce qu'autrement, quand
on viendroit à faire la Couche, il agi-
roit inégalement, ce qui feroit très-
nuifible ; en remuant le Tan on doit
mettre à part ce qu'il y a de plus
groffier pour le jetter au fond de la
Couche, & réferver le plus fin pour
le haut. Quand cela eft fait, ayez
foin de mettre au fond de la Couche,
c'eft-à-dire, fur la Maçonnerie même
de Brique, quelques décombres de
Bâtimens de Brique, & un peu de
Fumier long * & frais, venant de l'E-
curie, & que le tout faffe un pied d'é-
paiffeur quand le Fumier eft bien
preffé. Cette préparation eft pour deux

* M. *Miller*, fameux Jardinier, ne veut
point qu'on fe ferve de Fumier, parce qu'il
donne une chaleur inégale, mais qu'on fe ferve
de Tan feulement.

uſages ; le premier pour donner un paſſage prompt à l'humidité que le Tan reçoit quand on arroſe les Plantes qui ſont dans la Couche ; & le ſecond pour que le Fumier neuf s'é-chauffe promptement, & échauffe le Tan qui eſt ſur lui. J'ai déja obſervé que nous devons mettre le Tan le plus groſſier au fond de la Couche. * En voici la raiſon ; c'eſt que les plus groſ-ſes auſſi-bien que les plus petites par-ties de l'écorce s'échauffent, mais elles s'échauffent trés-différemment ; car les parties les plus groſſieres ſont plus long-tems à s'échauffer, s'échauffent bien davantage, & ſont trop chau-des pour être auprés d'un Pot, elles ne ſervent qu'à communiquer la cha-leur aux parties les plus fines qui ſont au-deſſus d'elles ; au contraire, la par-tie ſupérieure de la Couche étant fai-te de Tan fin, eſt d'une chaleur dou-ce & réguliere, & par conſéquent beaucoup plus propre pour recevoir des Plantes en Pots : en mettant le Tan dans la Maçonnerie de Brique, il faut avoir l'attention de preſſer aſſez

* Les *Anglois* ſe ſervent de Tan bien plus groſſier que le nôtre.

ferme la totalité jufqu'au haut, enfuite
on doit mettre les Chaffis par deffus,
aprés placer feulement les Pots fur le
Tan ; mais il eft dangereux de fe trop
preffer d'enfoncer les Pots dans le
Tan : je compte qu'aprés avoir mis les
Pots fur le Tan , il faut laiffer paffer
dix jours avant que de les plonger dedans. Si une Couche de Tan a été faite
en Mars, elle aura encore une chaleur
fuffifante jufqu'à la fin d'Août , ou au
milieu de Septembre.

Quand la Couche commence à moi-
fir par le haut, la fermentation eft paffée , & la chaleur auffi ; mais on peut
la renouveller en retournant le Tan à
un pied de profondeur , & en lui donnant un petit arrofement d'eau.

La Figure 1re de la 4e Planche ,
fait voir l'Ouvrage de Brique ou Maçonnerie de Brique dans laquelle on
met le Tan.

La Figure 2e. de la 4e. Planche
repréfente l'efpéce de Chaffis ou Ver-
riere qui doit être placée fur l'Ouvrage de Brique. Sur le devant de ce
Chaffis il y a des Vitres, & il y en a
encore fur les côtés , afin de profiter
des rayons du Soleil, depuis fon lever
jufqu'à

jufqu'à fon coucher, & pour pouvoir auffi, fuivant le befoin, donner de l'air aux Plantes.

La Figure 3e. repréfente l'Etuve ou Serre chaude pour les Plantes tendres ; jufqu'à une certaine hauteur les Vitrages en font droits, & fur le haut il y a d'autres Vitres inclinées pour recevoir mieux les rayons du Soleil en Eté ; c'eft à peu-prés la même que celle qui a éte bâtie dernierement dans le Jardin de Médecine à *Chalfea* ; celle qui eft ici gravée doit avoir 18. pieds d'élévation pour pouvoir contenir quelques Plantes qui deviennent fort hautes, & qui veulent avoir beaucoup de place pour produire des Fruits, comme le *Papayer*, & fur-tout le *Bananier*, dont une feule feuille a trois ou quatre pieds de long, & la tige des Fleurs jufqu'à dix pieds, & le *Manglier* qui devient un Arbre fort haut, furtout quand on le pouffe pour lui faire donner du Fruit ; je ne doute pas que fi on peut faire porter en ce Pays-ci du Fruit & de la Graine à ces Plantes, leurs Graines fe naturalifant, ne produifent des Plantes qu'on pourroit

O

conferver l'Hiver avec une Serre
commune.

Figure 4ᵉ. Planche 4ᵉ.

LA Figure 4ᵉ. eſt la vûe d'une
Serre vitrée faite pour l'Eté & l'Hiver ; la Couche de Tan en occupe le
milieu, & le feu tourne tout autour
de la Serre ; la place pour la Couche
de Tan eſt marquée A & B. & B ex-
prime le cours du feu. La place pour
le Tan ne ſert que pendant l'Eté ; mais
en Hiver, quand le feu eſt allumé, on
ôte le Tan, & la place où il étoit devient propre pour ſe promener, ainſi
les Tuyaux qui portent & diſtribuent
le feu, ſont au-deſſus du niveau de la
Terre, & ſéchent les Vapeurs, qui
dans les Serres s'élevent trop fréquemment en Hiver.

Si les Serres vitrées ne donnoient
qu'un ſeul & même degré de chaleur, on pourroit s'imaginer qu'elles
ne ſont propres qu'à conſerver les
Plantes qui viennent dans un Climat,
à moins que l'on ne pût changer l'air
d'une partie de la Serre ; & le mettre
à une température différente ; de cet-

té maniere on pourroit cultiver des Plantes qui demandent des degrés de chaleur fort différens ; aussi rien n'est plus facile à exécuter, j'en ai parlé dans un de mes Ouvrages, & il y a une Serre bâtie suivant ces principes chez M. *Fairchild* à *Hoxton*.

La lettre C. marque la place du Fourneau & de sa porte, la chaleur coule en B. & par conséquent échauffe la muraille D. Contre cette derniere Muraille on peut planter des *Cerises*, des *Prunes*, des *Roses*, & autres Fruits qui porteront à la hauteur seulement de 4 pieds ; par conséquent les Fruits qui seront placés contre la Muraille D. seront de quelques semaines plus avancés, que ceux qui viendront en plein air. Sur le bord marqué E. on peut planter des *Fraises* & des Fleurs de différentes especes, & en fermant cette Bordure avec le Vitrage E. on aura des Fleurs très-Praintanieres & des *Fraises* presque tout l'Eté, excepté dans la Saison des *Fraises*, où elles rapportent peu, comme je l'ai obser-vé cette année à *Hoxton*, chez M. *Withmill*.

La Lettre G. montre que chaque

Fenêtre eft divifée en deux parties ou Chaſſis, afin de pouvoir donner de l'air quand on veut, & avec plus de sûreté que fi on ouvroit la Croifée entiere quand le tems eft froid ; fi on entoure avec un Vitrage une partie du Terrein qui eft dans la Serre chaude, on en fait une Etuve dans une Etuve, il faut que cette Serre ne s'éleve pas au-deſſus de la partition G. afin que les Plantes qui feront dans cette petite Serre, foient tenues dans un très-grand degré de chaleur, & que toutes les autres parties de la Serre vitrée tirent de l'air de la partie fupérieure G. qui eft au-deſſus de cette Serre. M. *Fairchild* à *Hoxton* en a une très-belle de cette efpece.

Dans ces confeils de Jardinage on vient de voir le maniere de faire les Couches de Tan pour élever pendant l'Eté les *Ananas*, les jeunes *Caffés*, les *Melocactus*, le *Papayer*, les *Bananiers*, & autres Plantes Exotiques les plus délicates ; quand quelques-unes de ces Plantes, comme les *Bananiers*, font devenues trop grandes pour cette Serre, il faut avoir recours à une Couche de Tan pour l'Eté, & fe contenter pendant l'Hiver d'entretenir un feu continuel, ôter le Tan, & mettre les Pots dans du Sable. Cette pratique est absolument nécessaire pour conserver & faire mûrir l'*Ananas* ; du reste, ce Fruit ne demande pas d'autres soins, excepté que dans le mois d'Août, il faut séparer les rejettons des grandes Plantes, & les planter chacune séparément dans un Pot, où elles auront bientôt pris racine si on les arrose à propos.

L'*Ananas* se multiplie aussi par la Couronne ou la Tête qui vient au haut du Fruit. Il est à remarquer qu'une de ces Têtes portera du Fruit une année plutôt que les rejettons ; la raison est la même que celle que j'ai donnée dans un autre endroit, pour expliquer la production extraordinaire d'un Orange Chadec ; c'est que cette Couronne est nourrie par les sucs mûrs, & bien digérés du propre Fruit de la Plante, au lieu que les rejettons reçoivent immédiatement leur nourriture d'un suc crud de la Terre, il leur faut par conséquent plus de tems pour digérer leur suc.

DESCRIPTION

D'une Serre à Tan, donnée par M. BRADELEY.

Planche 5e.

LA Figure premiere repréſente le Plan d'une Serre à Tan avec la tranchée pour le Tan ; à chaque extrémité de la Serre, il y a une Chambre de neuf pieds de long ſur huit pieds de large ; dans la Chambre qui eſt du côté du Levant, il y a une porte qui s'ouvre daus la Serre & où le Jardinier peut ſerrer ſes inſtrumens de Jardinage, & dans la chambre à l'Oueſt eſt le feu qui entretient la chaleur.

A. la Tranchée.

B B. les deux Chambres.

Dans la Figure ſeconde on voit la façade de la Serre qui eſt d'ordre Ionique, avec une baluſtrade ſur le haut de chaque chambre.

La Figure troiſiéme marque l'élévation d'un côté.

La Figure quatriéme détermine la hauteur que le vitrage doit avoir.

MANIERE

MANIERE DE CULTIVER
les Ananas en Hollande.

CHAQUE Œilleton ou Plante doit être mise dans un pot proportionné à la grandeur de l'Œilleton ; la terre doit être très-bonne & forte , afin d'avoir de gros fruits ; il y a quelques personnes qui mettent six livres de salpêtre sur cent livres de terre.

Il ne faut pas forcer les jeunes Plantes à pousser leurs fruits, on pourra les conserver d'un an à l'autre, afin que les Plantes prennent plus de vigueur, & qu'elles puissent porter de plus gros fruits.

Il faudra pendant l'Hiver serrer les Plantes dans une Serre chaude , & les mettre sur les gradins, sans les forcer extrêmement de chaleur : & vers le mois d'Avril on portera les jeunes Ananas dans une Serre où l'on aura préparé les nouvelles couches de Tan , & on y enfoncera les Pots jusqu'au bord. La Serre doit être vitrée & avoir des chassis que l'on ouvrira avec précaution ; on aura grande attention de les refermer dès que le Soleil ne donnera plus dessus , & pendant la nuit. Quand le Jardinier jugera que la terre sera trop séche, il pourra l'arrofer ; car l'expérience montre que cette Plante veut de l'eau aussi-bien que de la chaleur.

Quand les Plantes ont produit leurs fruits, elles pouffent de petits rejettons, qu'on peut arracher & replanter dans de petits pots pour faire de nouvelles Plantes, ayant foin à mefure qu'elles groffiffent de les remettre dans de plus grands pots ; mais les meilleures Plantes proviennent des couronnes qui font fur le fruit, lefquelles il faut tordre de deffus le fruit fans les couper ; il les faut planter quinze jours après les avoir ôtées du fruit, on pourra les mettre dans des pots, & les cultiver de la maniere indiquée ci-deffus, & avec une douzaine de Plantes on pourra en avoir de cette façon, en trois ans, une grande quantité : il faut obferver de renouveller de tems-en-tems la terre dans les pots, parce qu'elle s'épuife, attendu que cette Plante n'a guéres de racines, & qu'elle les renouvelle aifément.

En Hollande & en Angleterre on fe fert conftamment de Couches de Tan, attendu que la chaleur en eft plus uniforme, & de plus longue durée que de celles de fumier ; mais si l'on n'a pas la commodité du Tan, on pourra se servir de couches de fumier ayant soin de les tenir toujours dans une grande chaleur ; les Serres doivent être entretenues à 19. degrés du Thermométre de M. de Reaumur, pour que ces Plantes portent leurs fruits avec succès.

MANIERE DE CULTIVER
les Ananas en Allemagne.

AU mois d'Octobre il faut les tenir chaudement dans une Serre faite exprès pour cela ; au défaut de Serre, on les mettra dans une bonne chambre où il y aura un poele. Au Printems, dans le mois d'Avril, on les tire de terre & de leurs pots, on en coupe toutes les racines, sans y en laisser aucune, après quoi on les met sécher au Soleil pendant quelques heures, ensuite on les plante dans une terre composée partie de bois pourri, partie de fumier de Vache pourri, partie de fumier de Plantes bien consumées, partie d'excellente terre de Jardin, & une partie de sable blanc, bien mêlées

enſemble & paſſées par le crible. Comme dans ce tems-là les Ananas ſe trouvent ſans racines , on les ſoutiendra
avec trois bâtons pour les tenir fermes.

Après quoi on poſera ces Ananas avec
leurs pots ſur une Couche dans une
Serre. Il faudra attendre que la Couche
ſoit dans ſon feu , alors on en garnira le
deſſus de Tan , de maniere que le pot y
ſoit abſolument enfoncé ; on obſervera
les jours qu'il fera Soleil , de couvrir
d'une toile les fenêtres , afin que les
rayons n'en tombent pas deſſus pendant
les huit premiers jours qu'ils commencent à croître , ce qui pourroit les deſ-
ſécher.

Dans les huit premiers jours , on ne
leur donnera point d'eau, ce tems eſt celui pendant lequel ils pouſſeront des racines ; mais après cela ils feront en état
de ſupporter un arroſement médiocre.
Dans le même mois d'Avril ou au commencement de Mai , les fruits commenceront à paroître. Ils feront d'abord fort
petits, mais dans la ſuite ils croiſſent, &
deviennent plus gros que les deux poings.

Au-deſſus de ces fruits, il ſe produit
une tige avec une touffe de feuilles ap-
pellée la *Couronne*, lorſque le fruit eſt

bien mûr on tord promptement cette Couronne, & on la met deux ou trois jours au Soleil, jusqu'à ce qu'elle paroisse fannée, ensuite de quoi on en frotte le dessous, ou le pied avec de l'huile d'amandes améres en le couvrant de cire, & on la plante & on la traite comme ci-dessus.

Pendant les grandes chaleurs des mois de Juin, Juillet & Août, on donne beaucoup d'air à ces Plantes par les fenêtres du côté où le Soleil ne luit point, & aprés que la grande chaleur est passée vers la nuit, on les peut arroser deux ou trois fois par semaine avec de l'eau toute pure, mais seulement lorsqu'elles auront déja des racines. Il faut observer, sur-tout en Hiver, qu'il ne tombe point d'eau à l'endroit de leurs germes, ce qui les feroit pourrir incessamment.

A la mi-Octobre, ou plûtard, si la saison est douce, on les ôte des Couches, & on les pose sur des tablettes dans la même Serre, ou dans un autre lieu chaud & sec, jusqu'à ce qu'on les replante de nouveau au Printems suivant. Telle est la maniere de gouverner les Ananas en Allemagne.

COmme l'on cite dans deux ou trois endroits du Calendrier le New. Impr. *on a pensé qu'il seroit difficile à plusieurs personnes de le trouver ; & on donne ici l'extrait des endroits cités, afin que rien ne manque pour la satisfaction des Amateurs.*

ASPERGES.

LES (1) Asperges sont une des Plantes des plus utiles du Printems, & que je regarde comme une des plus nécessaires fournitures d'un Jardin ; elles apportent un grand profit aux Jardiniers, soit qu'on les plante en pleine terre ou sur des Couches chaudes pour en avoir pendant l'Hiver. C'est pourquoi je m'étendrai un peu sur la maniere de semer, de cultiver, & de multiplier cette Plante.

Ceux qui ont envie de faire une Plantation d'Asperges, doivent avoir une attention particuliere à la bonté de la graine qu'ils semeront, parce que c'est de la bonté de la graine que dépend la

(1) Pag. 4. & 76.

beauté & la force des Plantes ; c'eſt pourquoi ils laiſſeront monter les plus groſſes Aſperges, qu'il faut avoir ſoin de ſoutenir avec un bâton pour empêcher le vent de les coucher lorſqu'elles commenceront à être branchues ; ces fortes Plantes rapporteront des graines bien nourries, & qui conſerveront la force & la qualité de la Plante dont elles proviennent.

Les plus fortes que j'aye vû ſont à *Datterſea* dans la Comté de *Surrey*, & dans d'autres endroits où le terrein eſt ſablonneux (1).

Dans un terrein ſablonneux, comme celui-là, je vous conſeille de ſemer vos graines la premiere ſemaine de Mars, ſi le tems eſt doux ; ſemez-les ſur terre, ne les mettez point trop épaiſſes, n'y mettez point de fumier ; vous pouvez ſemer en rayons ou ſur terre, & recouvrir les graines au moins d'un bon pouce de terre. Dans cette eſpéce de Pépi-

______

(1) En France les plus fortes viennent de Catalogne ou de Savoye, & les plus groſſes qu'on ait à Paris, viennent de Belleville ; on peut auſſi en avoir des eſpéces d'Hollande, ou d'Allemagne & de Pologne, qui ſont extrémement groſſes.

niere, elles viendront fans autre peine
que celle d'en ôter les mauvaifes herbes,
& elles feront propres à être replantées
au mois de Février ou de Mars, foit que
vous les deftiniez pour les Couches chaudes, ou pour les planter dans un terrein
naturel, parce que des Plantes qui n'ont
qu'un an de femence, font meilleures
que celles qu'on auroit laiffé deux ou
trois ans fans les replanter.

Si vous les élevez pour la Couche
chaude, faites choix d'une piéce de terre qui aura été bien fumée, fur laquelle
vous tirerez des lignes à fix ou fept pouces de diftance, & vous planterez les racines d'Afperges d'une année, à quatre
pouces de diftance l'une de l'autre ; elles doivent demeurer au moins deux ans
dans cette efpéce de Pépiniere, avant
que d'être propres pour la Couche
chaude ; ayez foin de couper les Plantes
à la S. Michel, & d'ôter les mauvaifes
herbes, comme vous devez faire pour
toutes les autres Afperges & Plantes.

Si vous vouliez feulement avoir des
Afperges pour en manger l'Hiver, ayez
foin de femer tous les ans de nouvelles
graines, afin d'avoir des Plantes qui
puiffent fe fuccéder les unes aux autres.

Vos Couches chaudes doivent être fortes, c'eſt-à-dire, épaiſſes de fumier, & ſi-tôt qu'elles ſont faites couvrez-les de ſix pouces de terre, ſur laquelle vous planterez vos Aſperges à meſure que vous les tirerez de l'eſpéce de Pépiniere où elles ſont ; plantez-les le plus près que vous pourrez, ſans couper aucune de leurs racines ; enſuite couvrez les Plantes de deux pouces de terre, laiſſez-les en cet état pendant cinq ou ſix jours avant que d'y mettre les Verrieres ou les Cloches ; mettez enſuite deux ou trois pouces de terre nouvelle ſur toute la ſuperficie, & placez-y vos Verrieres ou vos Cloches, & dix jours après que vous aurez planté, les Aſperges paroî-tront ſur terre ; donnez-leur le plus d'air que vous pourrez, parce que c'eſt l'air qui rend les Aſperges vertes, & qui con-tribue à leur bon goût.

Une Couche ainſi préparée durera environ un mois, pouſſant tous les jours de nouvelles Plantes, ſi le grand froid ne l'en empêche pas ; quand votre Couche commence à ſe refroidir, vous pouvez la réchauffer par les côtés ; mettez auſſi pendant la nuit un peu de litiere chaude ſur les Cloches, cela aidera beaucoup les

Plantes à pousser. Cet ouvrage se doit faire depuis le mois de Novembre jusqu'en Avril, où la terre rapporte naturellement des Asperges ; faites des Couches tous les mois afin qu'elles se succedent les unes aux autres.

Mais pour planter des Asperges dans la terre naturelle, il faut employer une méthode différente.

Au commencement de Mars, qui est le meilleur tems pour planter les Asperges, faites choix de votre terrein : donnez quatre pieds de large à chaque planche que vous destinez pour planter vos Asperges, ouvrez une tranchée de deux pieds, ou deux pieds & demi de profondeur (1) ; mettez six ou huit pouces de fumier de Vache ou de Cheval bien consommé au fond de votre tranchée, rejettez huit ou dix pouces de terre sur le fumier, remettez-y ensuite cinq ou six pouces de fumier bien consommé, & huit ou dix pouces de terre, mêlez ce

______

(1) Si vous aviez la commodité de préparer votre terrein un an ou six mois d'avance, cela seroit encore mieux, & la terre en seroit beaucoup meilleure ; comme les Asperges demeurent quinze ou vingt ans en terre sans de nouveaux soins, il est très-à-propos de prendre cette précaution,

dernier fumier avec la terre ; laiſſez votre tranchée profonde de ſix ou huit pouces, plantez vos Aſperges à huit ou dix pouces de diſtance les unes des autres, faites-en quatre rangées dans votre planche ; vous y en pourriez mettre cinq, mais moins vos Aſperges feront ferrées, plus elles feront groffes ; étendez bien les racines de vos Aſperges en les plantant fans en couper les bouts, couvrez-les de trois ou quatre pouces de terre ; ayez ſoin que votre planche ait encore au moins trois pouces de vuide, & tous les ans jettez-y un pouce de terre avec du terreau, juſqu'à la quatriéme année qu'elle ſe trouvera de niveau avec le reſte de votre Jardin : quand votre planche eſt ainſi faite, laiſſez un fentier d'un pied & demi ou deux pieds de large ; & continuez à faire ainſi autant de planches que vous voudrez, en plantant & cultivant vos Aſperges toujours de la même maniere.

C'eſt une régle générale de ne point couper les Aſperges que la quatriéme année après la Plantation, quoique les Plantes ſoient très-fortes ; je crois cependant que pour ſatisfaire l'impatience de quelques-uns, on peut la troiſiéme

année, fi les Plantes font fortes, en couper cirq ou fix fois en petite quantité
dans la faifon, fans que cela puiffe faire
beaucoup de tort aux Plantes; la quatriéme année on peut certainement commencer à couper & à jouir du fruit de ce
long travail & de tous ces foins.

Alors il ne faut laiffer aucune Afperge
fans la couper, à moins que ce ne foit
celles qui ont été plantées pour rempla-
cer les Plantes qui avoient manqué les
premieres années.

Une planche d'Afperges bien ména-
gée peut durer jufqu'à vingt ans, ayant
foin de leur donner deux façons tous les
ans; l'une en l'Hiver, & l'autre au commencement de Mars.

Quelques Jardiniers plantent des Oignons, d'autres des Féves dans les fen-
tiers entre les planches; vous le ferez fi
vous le jugez à propos.

Quand vos Afperges font jeunes,
vous ne devez guéres les couper que jufqu'au mois de Juillet. Ayez attention de
couper vos Afperges en plongeant le
coûteau le long de la Plante, afin de ne
pas couper les jeunes pouffes.

OREILLES D'OURS.

L'OREILLE d'Ours (1) a été si estimée pendant quelque tems , qu'au commencement qu'elle vint en Angleterre , j'en ai vû vendre une Plante vingt Guinées ; à préfent la facilité de les élever les a rendues un peu plus communes, & celles qui étoient ci-devant hors de prix , peuvent préfentement s'acheter à un prix raifonnable.

Ces Fleurs font véritablement très-belles , tant par leur variété furprenante , que par leur bonne odeur ; elles font ordinairement dans la force de leur fleuraifon , depuis le 20. Avril jufqu'au 20. Mai : elles fe divifent en pures, en panachées , & en bizarres ; & pour qu'elles foient bonnes , il faut que la Tige foit forte & capable de foutenir le Bouquet, quand toutes les cloches qui le forment font ouvertes ; que la Fleur foit ronde , & compofée au moins de fix feuilles égales , & jointes l'une à l'autre , de façon qu'elles ne forment ni le moulinet , ni l'étoile ; qu'elles foient de couleur très-vive , luftrée & brillante ;

(1) Pag. 91.

qu'elles se présentent bien à la vûe, que l'œil soit grand, rond & net, tranché, qui ne s'imbibe point.

Que les Paillettes ou Estamines soient grosses & bien nourries, quelque belle qualité qu'ait une Oreille d'Ours, quand elle a un Picot, (c'est-à-dire, si le Pistille s'avance & sort de l'œil) elle est à rebuter, (si cette Plante est belle on peut cependant la garder en pleine terre pour la semer,) il faut que la Fleur conserve sa couleur jusqu'à ce qu'elle sanne.

Si vous voulez composer une terre pour les Oreilles d'Ours, prenez une demi-hottée de sable de mer, une hottée de bonne terre à Froment, & une autre de terreau qui a servi à des Melons.

Vous pourrez aussi en composer une autre en prenant une certaine quantité de terre à Froment, & semblable quantité de terreau qui a servi à des Melons, que vous mêlerez bien ensemble.

Enfin vous pourrez en composer une troisiéme en prenant une hottée de bois pourri qui se trouvent dans les bûchers qu'il y a longtems que l'on n'a nettoyé, auquel vous ajouterez un tiers de tres-bonne terre forte, que vous prendrez dans des Prés, & une égale quantité de terreau qui a servi aux Melons, que vous laisserez bien meurir ensemble.

Je répéte encore qu'il faut que toutes ces terres ayent été au moins pendant un an ou deux souvent remuées & mêlées ensemble, avant qu'on puisse s'en servir avantageusement.

Je conclus cet article des Oreilles d'Ours, **en** donnant avis aux Curieux qui cultivent cette Fleur, qu'ils doivent empêcher qu'elle n'ait trop d'humidité en Hiver ; & que pour les semences elles doivent être semées en Decembre, ou au commencement du mois de Janvier dans de petites caisses ou terrines.

Dès que le jeune Plan a six feuilles, il faut le repiquer dans d'autres terrines ou en pleine terre, ayant soin de le couvrir.

Si on a besoin de quelqu'autre avis, il n'y a qu'à avoir recours à la Maison Rustique, imprimée à Paris en 1720. & 1730. où la Culture de cette Fleur est très-bien décrite.

On donne ici le titre du *New*. *Impr*. qui est un trés-bon Ouvrage de M. Bradey, Auteur de ce Livre, & où il y a plusieurs particularités sur l'Agriculture & le Jardinage, qui peuvent faire plaisir & être utiles, afin que si quelqu'un a envie de le consulter, il puisse le trouver plus aisément.

New. Improvements of Planting. and Gardening., Both Philosophical and Practical, in Thrée parts. London, 1726. in 8.

POUR détruire les Fourmis (1) suivant M. Laurence, dans le Calendrier du Jardin Fruitier; prenez des Vers de terre, coupez-les en piéces, & jettez-les dans un endroit pour attirer les Fourmis; ayez attention que ce soit un endroit où l'eau bouillante ne puisse pas faire de mal, quand les Fourmis y viendront en abondance, jettez de l'eau bouillante dessus, & vous viendrez aisément à bout de les détruire.

Pour prendre les Vers dans l'Eté ou l'Automne, remplissez une grande terrine d'eau, mettez-y une grande quantité de feuilles de Noyer que vous laisserez tremper dans l'eau pendant quinze jours ou trois semaines, afin que l'eau devienne bien amére; ensuite vous en jetterez dans les places qui sont les plus incommodées des Vers, de maniére que l'eau aille jusqu'à l'endroit où ils sont, & alors vous les verrez sortir en grande quantité de la terre, & vous pourrez les ôter, ayez seulement attention de mettre quantité de feuilles de Noyer, afin que l'eau soit bien amére, autrement cela n'auroit pas d'effet.

(1) *Page* 50.

FIN.

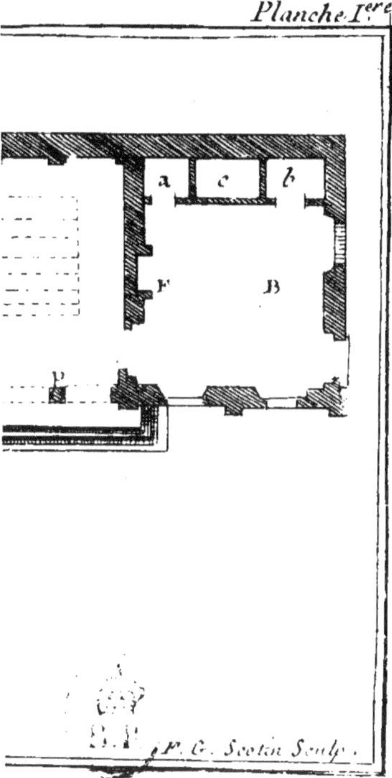

P. G. Scoten Sculp.

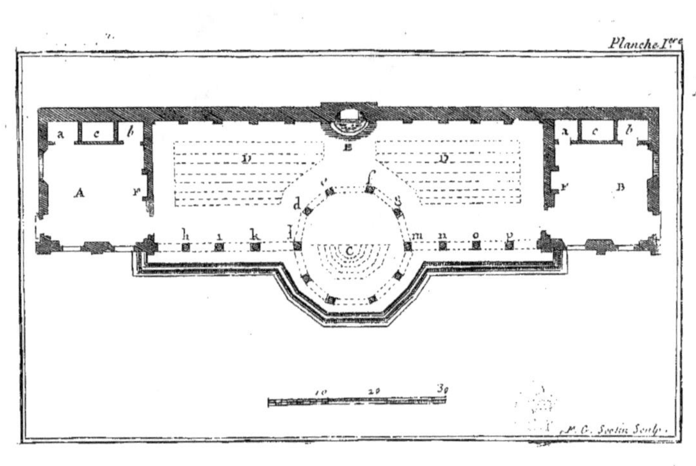

Planche 1.ere
P. C. Scotin Sculp.

Faite sur l.
20
helle
ngleterre.

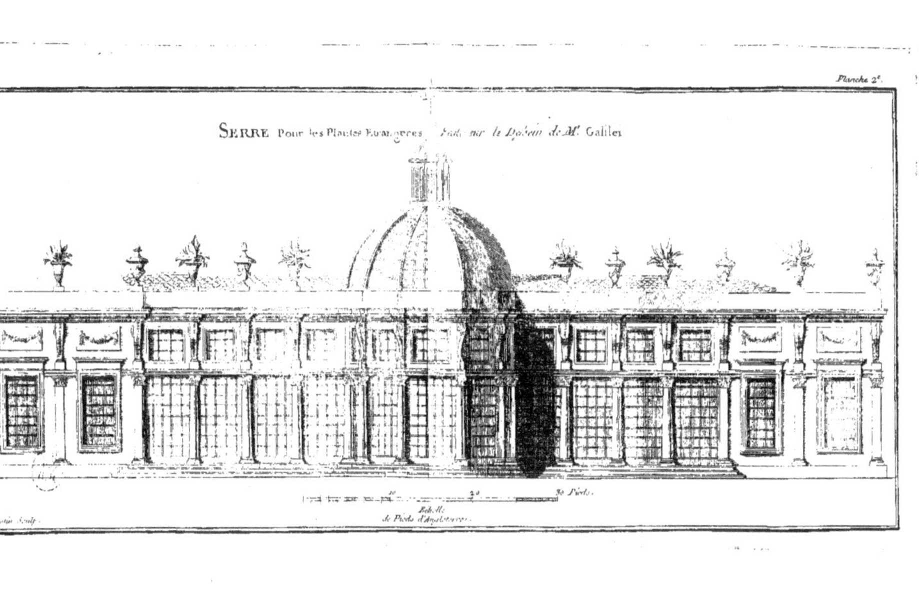
SERRE Pour les Plantes Étrangères, Faite sur le Dessein de M.r Galilei
Echelle
de Pieds d'Angleterre.

de M
20
de Pieds d'Angleterr

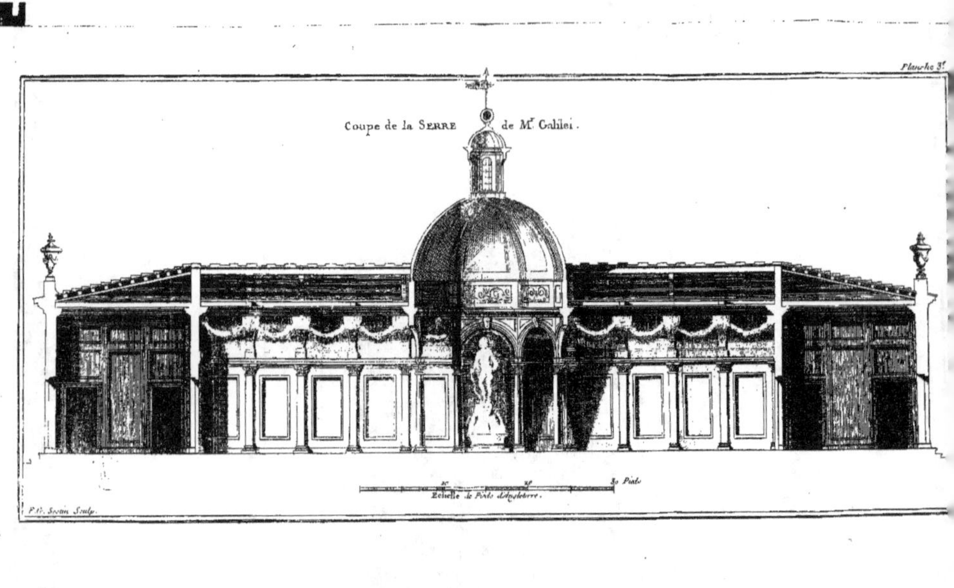

Planche 3.e
Coupe de la SERRE de M.r Galilei.
Echelle de Pieds d'Angleterre.
30 Pieds
P. G. Swan Sculp.

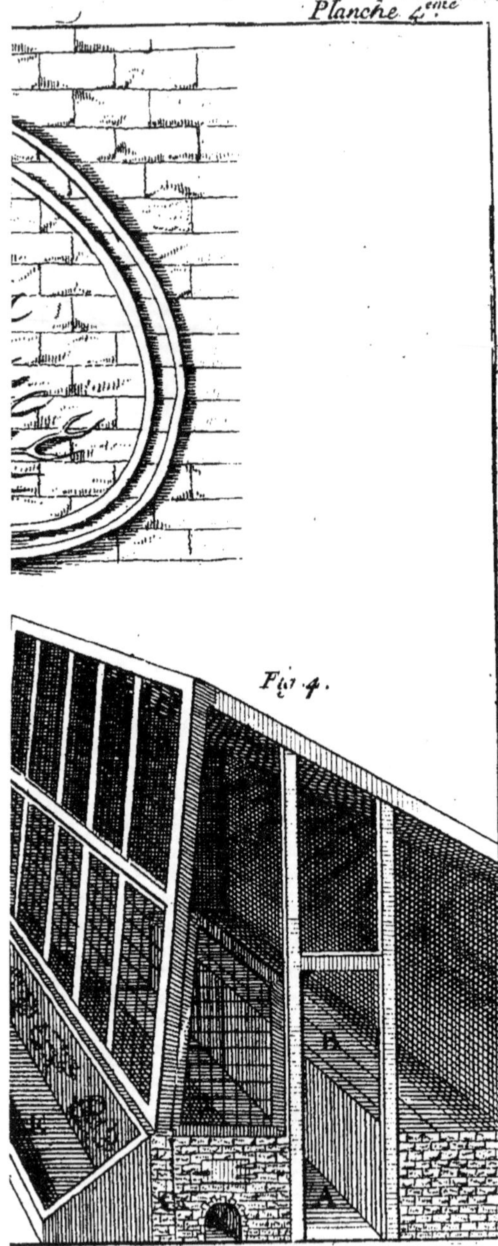

Fig. 4.

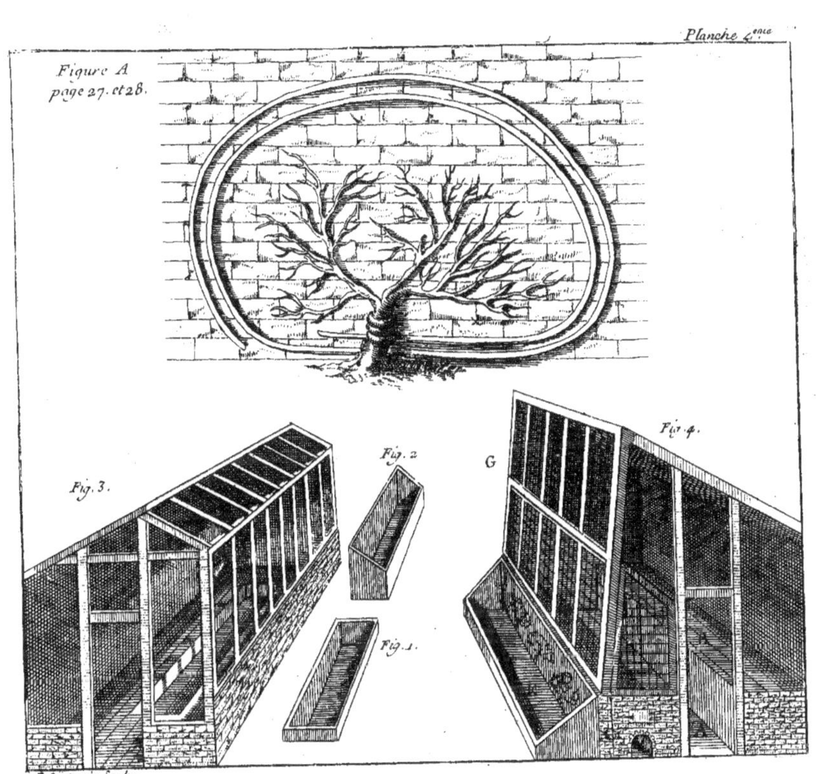

Planche 4.eme
Figure A
page 27. et 28.
Fig. 3.
Fig. 2.
Fig. 1.
Fig. 4.
G
P. G. Sottin Sculp.

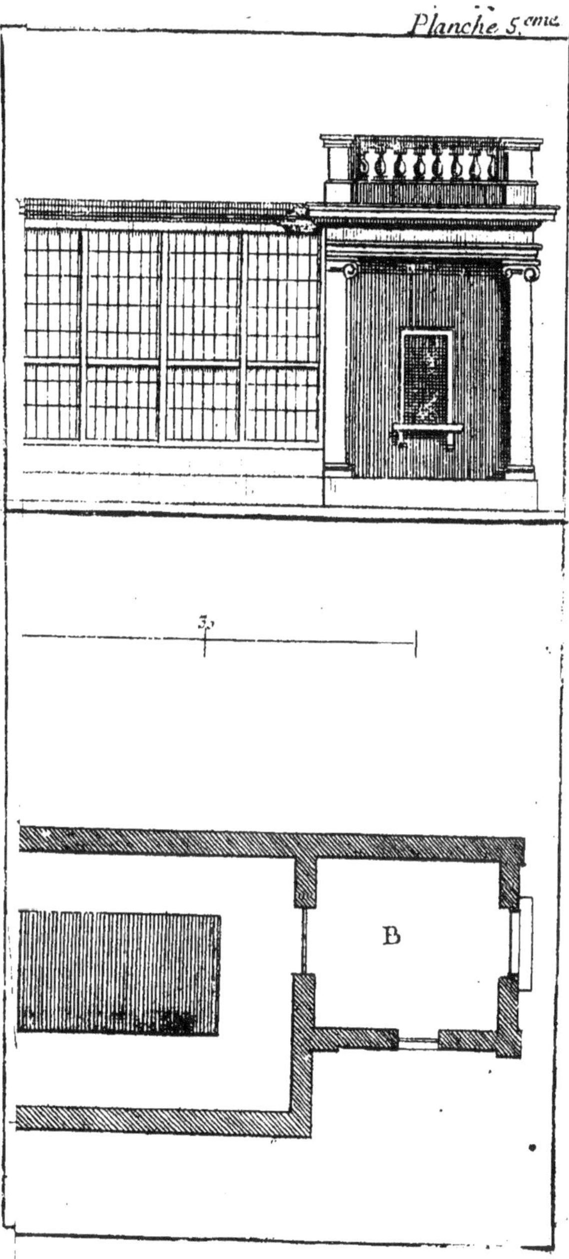
B

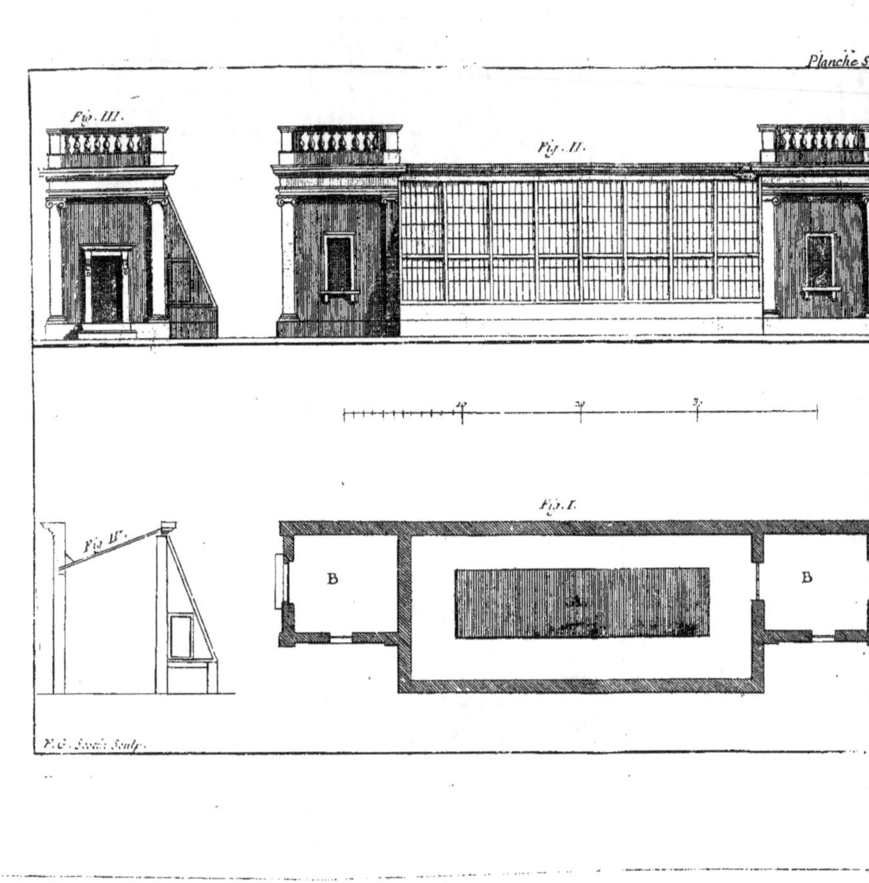

F. G. Levrault Sculp.

9 782329 476476